KB252247

떡갈나무 바라보기

The View from the Oak - The Private Worlds of Other Creatures

떡갈나무 바라보기

동물들의 눈으로 본 세상

주디스 콜 · 허버트 콜 지음 | 이승숙 옮김

사□계절

남 의 눈 으 로 세 상 보 기

개미는 노예를 부리는 유일한 동물이다. 개미는 대개 같은 종이 아니라 다른 종의 개미들을 노예로 부리기 때문에 관찰자인 우리 인간의 눈으로 보면 참으로 이해하기 어려운 광경이 벌어진다. 몸 색깔이나 형태로 보아 확연하게 다른 개미들인데, 한쪽은 부리고 다른 한쪽은 부림을 당한다. 그 사회에도 노조위원장이 될 만한 기질을 타고난 개미들이 있다면, 자기들을 부려먹는 개미들은 아무 일도 하지 않고 뒷짐 진 채 감시만 하는데 왜 자기들만 뼈 빠지게 일을 해야 되냐고 항의할 것이다. 그러고는 과감히 들고일어날 것이다. 하지만 노예 개미들은 원수의 나라가 자기 나라인 줄만 알고 평생 충성을 다한다. 거울이 있어 자신들의 모습을 비춰 볼 수 있다면 다를 것 같은데.

우리 인간은 대단히 시각적인 동물이다. 그러나 개미를 비롯한 이 지구 상의 수많은 동물들은 대부분 후각에 의존하여 살아간다. 일단 화학적으로 세뇌를 당하고 나면 아무리 겉모습이 달라도 전혀 인식하지 못한다.

관점이 다르면 세상이 다르게 보인다.

이 책은 우리에게 처음부터 끝까지 줄기차게 남의 눈으로 세상을 보라고 요구한다.

연인들의 다툼이나 부부 싸움은 거의 대부분 문제를 자기 관점에서만 바라보려는 옹졸함에서 시작된다. 아내의 관점에서, 남편의 관점에서, 서로 상대방의 관점에서 문제를 다시 들여다보려는 순간 거의 언제나 문제 그 자체의 본질이 흐릿해진다.

남녀나 암수 간의 관점이 다르기야 거미만 하랴? 수컷 왕거미가 짝짓기를 하려면 반드시 암컷의 거미줄에 올라서야 한다. 조심스레 거미줄에 올라선 수컷은 줄을 흔들어 암컷에게 사랑의 세레나데를 보내야 한다. 그런데 암컷이 그 신호를 자칫 먹이에 대한 신호로 오해하면 수컷의 부푼 가슴은 죽음을 부르고 만다. 수컷 왕거미들은 어쩌다 암컷이 즐겨 먹는 먹이들의 몸 크기와 비슷하게 진화했단 말인가? 이렇듯 어떤 동물들에게는 관점의 차이가 삶과 죽음 사이를 넘나든다.

일주일은 왜 꼭 7일이어야 할까? 4일이면 안 될까? 실제로 나이지리아의 아피크포 사람들은 4일씩 끊어 일주일로 쓴다고 한다. 시간과 공간에 대한 개념이 모든 동물들에게 동일한 것이 아니라는 걸 이 책은 여러 가지 예를 들어 보여 준다. 우리는 어린 시절을 어른이 되기 위한 준비 기간으로밖에 여기지 않지만, 그야말로 '천년'을 물속에서 애벌레로 지내다가 성충이 되면 겨우 하루 남짓 살고 죽는 하루살이에게는 어느 기간이 더 중요할까? 땅속에서

굼벵이로 11년 또는 17년을 살다 나오는 매미들은 도대체 어떤 시계를 갖고 있을까? 11과 17은 1과 자기 자신으로만 나눌 수 있는 소수(素數)라는 걸 그들은 이미 알고 있을까? 사람들은 신, 생명, 우주의 근원은 시간을 초월하여 존재하는 것으로서 변하지 않는다고 생각한다. 하지만 그건 어쩌면 지극히 인간 중심적인 사고의 결과일지도 모른다는 걸 이 책은 우리에게 일깨워 준다. 시간과 공간은 물론 자연의 모든 일은 다 상대적이다.

이 책은 지극히 감각적인 책이다. 오감을 죄다 동원하여 책을 읽게 만든다. 그리고 우리의 손목을 잡고 쉼 없이 동물들의 세계 이곳저곳을 돌아다닌다. 마치 거울 속 나라에 들어가 붉은 여왕에게 손목을 붙들린 앨리스처럼. 그러다 보면 우린 모두 어느새 철학자가 된다. 우리 인간의 삶 속에만 안주하는 속 좁은 철학자가 아니라 다른 모든 생명체의 삶들을 모두 아우르는 폭넓은 사상가가 된다. 책을 덮고 나면 세상이 달리 보이고 내 삶이 달라 보일 것이다.

우리는 자주 실험 기구가 없거나 돈이 너무 많이 들어서 깊이 있는 과학 실험을 못한다는 푸념을 듣는다. 하지만 이 책은 정말 돈 한 푼 들이지 않고 손쉽게 해 볼 수 있는 기발한 실험들로 가득 차 있다. 어찌 보면 이 책은 사뭇 귀찮은 책이다. 도무지 우리로 하여금 소파에 길게 누워 느긋하게 읽게 놔두질 않는다. 두 눈을 바삐 움직여 세상 구석구석을 뒤지게 하고, 손끝으로 무언가를 두드리게 하며, 머리로는 끝없이 상상하게 만든다. 그러면서 은근슬쩍 동물행동학의 역사와 방법을 자연스레 가르쳐 준다. 동물의 행동을 자연 상태 그대로 관찰하고 실험해야 한다는 철학으로 근대 동물행동학의 기초를 확립하여 1973년 노벨 생리·의학상을 공동 수상한 폰 프리슈, 로렌츠, 틴버겐의 연구들이 쉬우면서도 상당히 권위 있게 소개된다.

내가 박사학위를 받고 하버드 대학에서 전임강사를 하던 2년 동안 우리 가족은 보스턴 근교에 있는 작은 집을 임대하여 살았다. 집은 작았지만 아름드리 떡갈나무가 몇 그루씩 들어서 있는 뒤뜰은 제법 넓었다. 가을이면 떨어진 낙엽을 치우느라 허리가 휘청거렸지만 심심찮게 찾아오는 어치나 꾀꼬리 같은 새들과 다람쥐나 토끼 들을 보는 재미는 무엇과도 바꿀 수 없는 것이었다.

어느 여름날 저녁이었다. 해가 뉘엿뉘엿 넘어가던 시간이었다. 바람도 쐴 겸 뒤뜰을 거닐던 나는 떡갈나무 한 그루에 걸터앉아 있는 너구리를 발견했다. 너구리는 눈가에 검은 가면을 쓰고 그날 밤 우리 집을 털기라도 할 기세로 내 일거수일투족을 세심하게 살폈다. 그러다가 나랑 눈이 마주쳤다. 너구리의 초록색 눈망울은 어둠 속에서도 속이 훤히 들여다보일 정도로 맑았다. 우린 그렇게 한참 동안 서로를 바라보았다. 너구리는 그날 이후에도 여러 차례 우리 뒤뜰을 찾아와서 나와 말없는 대화를 나누곤 했다. 나는 늘 그 너구리가 과연 무슨 생각을 하고 있을까 궁금했다. 아무런 생각 없이 그저 멍하니 날 바라보기만 했던 것은 결코 아닐 것이다. 내가 결코 멍하니 너구리를 쳐다보지 않았듯이.

아직까지 현대 과학은 우리에게 동물들의 머릿속에 들어가 그들이 정확하게 무슨 생각을 하고 있는지를 알 수 있게 해 주지는 못한다. 그러나 적어도 동물들의 눈으로 세상을 바라보려는 노력은 할 수 있다. 이 책은 바로 그런 노력의 산물이다. 아직은 답을 알지 못하는 그런 질문들을 끊임없이 쏟아 내며 우리 스스로 답을 찾아보게 만든다. 왜? 어떻게? 무엇 때문에? 무엇을 위하여? 떡갈나무에서 바라본 세상은 늘 신비롭기만 하다.

_최재천(서울대학교 생명과학부 교수)

작가의 말

    이 책은 야곱 폰 윅스쿨의 수필 『동물과 인간 세계로의 산책 : 숨겨진 세계의 그림책』에서 영감을 받았다. 비록 이 책이 윅스쿨의 수필과는 많이 다르지만, 그의 책은 우리가 작업에 집중할 수 있게 해 주었고, 그의 아이디어는 우리의 사고를 형성하는 데 도움을 주었다.

차례

1

여러 세계

여러 세계

우리가 잘 알고 있듯이 세계에는 단 하나의 공간과 시간만 존재하는 게 아니라 다양한 주체에 따라 수많은 공간과 시간이 존재한다. 그리고 그 개개의 주체는 자기 나름의 공간과 시간을 갖는 고유한 환경에 속해 있다.

—야곱 폰 윅스쿨의 『이론 생물학』 중에서

우리 집 개 샌디는 골든 레트리버[+]이다. 샌디는 온종일 집 앞에 앉아서 누군가가 막대기를 들고 던지기를 기다린다. 막대기나 테니스 공을 쫓아가서 도로 가져오는 일은 샌디의 삶에서 아주 중요한 활동이다. 막대기나 공을 던질 때, 샌디는 꽤나 별나게 행동한다. 던지는 사람이 마주하고 있는 쪽을 보고 있다가 일단 던졌다 싶으면, 그 방향으로 쏜살같이 달려간다. 무엇을 던졌는지는 중요하지 않다. 마냥 머리를 떨구고 귀를 쫑긋 세운 채 돌진하는 것이다. 그러다가 막대기가 나뭇가지에 걸리거나 지붕에 얹히기라도 하면 안절부절못한다. 때로는 너무 열중한 나머지, 샌디는 막대기가 떨어지는 소리만 듣고 달려가다가 앞에 있는 사람이나 나무를 박아 버리기도 한다. 그래도 일단 막대기에 다가가면 코를 들이대고 막대기에 밴 냄새를 맡는다.

한번은 막대기가 가득 떠밀려 온 바닷가에서 샌디의 코가 얼마

골든 레트리버_
총 같은 것으로 쏘아 잡은 짐승을 물어 오도록 훈련받은 사냥개의 일종.

개의 가장 친근한 벗은 코이다.

나 예민한지 실험해 본 적이 있다. 그 바닷가에는 수백 개의 막대기가 쌓여 있는 나뭇더미가 하나 있었다. 우리는 나뭇더미에서 막대기 하나를 집어 들고 뒤로 멀찍이 물러나 그것을 되던졌다. 하지만 어떤 것이 우리가 던진 막대기인지 도저히 구분할 수 없었다. 막대기가 모두 비슷해 보여서 우리가 할 수 있었던 일은 단지 처음 던진 막대기와 가장 닮은 막대기 일곱 개를 골라내는 게 전부였다.

샌디에게 똑같이 시험해 보기로 했다. 먼저 막대기에 X자를 표시한 뒤, 나뭇더미로 한 번이 아니라 열 번 이상 던져 보았다. 그때마다 샌디는 X자가 새겨진 막대기를 물고 왔다. 한번은 막대기를 던지는 시늉만 해 보았다. 샌디는 우리 중 한 사람이 막대기를 들고 있는 것을 알아차리지 못하고 달려갔다가, 나뭇더미 주위를 빙빙 돌더니 더미를 파헤치며 흥분했다. 그러나 다른 막대기를 가져오지는 않았다. 샌디가 X자가 새겨진 막대기를 찾아낼 수 있었던 까닭은 막대기의 모양이나 크기 때문이 아니었다. 바로 막대기에 남아 있던 우리의 냄새 때문이었다.

상상하기 어렵겠지만 개들은 모든 동물을 그 동물만의 독특한 냄새로 알아차린다. 물건에 밴 냄새로 그 주인을 알아내는 것인데, 우리가 저마다 독특한 화합물을 발산하기 때문이다. 우리도 땀 냄새를 맡을 수 있지만 땀을 흘리지 않을 때조차 내뿜어지는 냄새는 우리의 후각보다 더 예민한 감각에 의해서만 감지된다.

사람의 코에는 5백만 개의 후각 세포가 있지만, 개의 코에는 약 1억 2천5백만~3억 개의 후각 세포가 있다. 그런데다 개의 후각 세포는 사람의 후각 세포보다 더욱 표면 가까이에 있어서 훨씬 예민하다. 샌디 같은 개의 코는 사람 코보다 1백만 배는 더 예민하다고 여겨진다. 그래서 몇 주 동안 입지 않은 옷이나 살짝 지나쳤을 뿐인 장소인데도 개들은 우리의 흔적을 찾아낸다. 샌디를 혼자 집에 두고 외출했다가 돌아오면, 그때마다 샌디는 우리의 스웨터나 코트, 손수건, 셔츠 들에 둘러싸여 있다. 마치 우리가 변함없이 돌아오리라는 믿음을 스스로 확인하려는 듯 우리 냄새에 둘러싸여 있는 것이다.

샌디는 귀 또한 예민하다. 인간이 들을 수 없는, 까마득히 멀리서 나는 소리까지 듣는 걸 보면 정말 놀랍다. 사람마다 손 냄새가 모두 다르다는 사실조차 모르는 우리가 그러한 세계를 알고 이해하기란 어려운 일이다. 우리의 귀는 샌디의 귀처럼 방향을 잘 잡는 거리 측정기가 아니다. 때문에 개처럼 세계를 느끼고 이해하고, 예리한 후각과 청각을 이용해서 현실에 대응하는 복잡한 방식을 알아내려면 상상력을 총동원해야 한다. 개의 세계도 인간 세계 못지않게 실재적이다. 이 두 세계는 서로 조화를 이루며 여러 공간을 공유하기도 한다. 개들의 관심이야 어쨌든, 우리가 개들이 경험하는 세계를 상상해 보는 일은 꽤 도움이 된다. 개의 코와 귀를 통해 사물을 경험하고 관찰함으로써 우리는 감춰진 주위 세계를 알 수 있다. 그 세계를 알지 못했다면 자칫 이상하거나 멍청하게 보였을지도 모르는 행동들을 이해하게 되는 것이다.

환경은 모든 생명체가 공유하는 세계이다. 그것은 공기, 불, 바람, 물, 생물 때로는 문화로 존재한다. 환경은 영향을 주고받는 온갖 만물로 구성된다. 생명체는 환경 속에서 태어나며 동시에 그 일원이 된다. 그러나 이 모든 존재와 현상을 인식하는 동물은 없다. 샌디는 우리가 인식할 수 없는 세계를 인식하지만, 우리는 그 너머의 수많은 세계를 인식하고 이해한다. 샌디 같은 개에게 책은 막대기나 다름없다. 한편 우리는 막대기들의 차이를 잘 알아보지 못한다. 모든 생명체에 의해 동시에 경험되는 세계는 존재하지 않는다. 우리는 모두 동일한 환경에 살고 있지만, 다양한 세계를 만들고 있는 것이다.

『동물과 인간 세계로의 산책』을 쓴 야콥 폰 윅스쿨[+]은 곤충을 비롯한 동물이 인식하는 세계를 상상해 본 선구자였다. 그는 동물이 경험하는 주변의 생물 세계를 나타내기 위해 움벨트(Umwelt)라는 용어를 만들어 냈다. 이전에는 영어나 독일어에 동물이 경험하는 그들의 세계를 나타내는 말이 없었다. 그래서 기존의 용어 대신 새로운 용어를 만들어 낸 것이다. '세계', '경험', '자연' 또는 '현실' 같은 용어로는 동물이 경험하는 세계를 충분히 표현할 수 없다. 움벨트는 상당히 다른 뜻을 담고 있다. 즉, 움벨트는 모든 동물이 공유하는 경험이 아니라 개개의 동물에게 특별한 유기적 경험인 것이다.

꽃이 활짝 핀 들판에 사는 개미와 벌을 생각해 보자. 개미는 땅속에서 군체[+]를 이루며 산다. 개미는 대체로 일생 동안 이쪽 들판 끝에서 저쪽 들판 끝으로 절대 이동하지 않는다. 개미 세계에서 활짝 핀 꽃이나 움트는 싹, 나무, 덤불 따위는 넘어가거나 피해야 할 장애물이다. 이것들의 차이는 개미의 삶에서 전혀 의미가 없으며 인식되지도 않는다. 개미는 집으로 가져갈 먹이를 찾아 분주히 움직이며 하루를 보낸다. 개미는 땅의 미세한 진동에 무척 예민하다. 그리고 더듬이를 건드리거나 땅을 세게 밟아 진동을 일으켜 의사소통을 하는 조직체의 일원으로 일한다. 돌이 잔뜩 널려 있는 숲이나 들판을 지날 때처럼, 우리가 개미가 되어 흙먼지, 조약돌, 풀, 꽃 들을 헤치고 지나가야 한다고 상상해 보자. 개미의 세계는 아주 섬세하고 변화무쌍하지만, 들판에서 일어나는 온갖 일들이 개미의 세계와 늘 관련되어 있는 것은 아니다.

벌과 개미의 세계는 서로 겹치지 않는다. 벌은 꽃이 활짝 핀 들판을 특별한 방법으로 인식한다. 벌은 아주 멀리서도 꽃이 내뿜는 향기를 맡을 수 있으며, 그 향기로 꽃을 구분해 낸다. 꽃가루가 풍부한 꽃이 있고, 그렇지 않은 꽃이 있다. 벌은 꽃가루가 풍부한 꽃을 먼저 선택해서 향기를 맡자마자 바로 그 꽃으로 날아간다.

개미

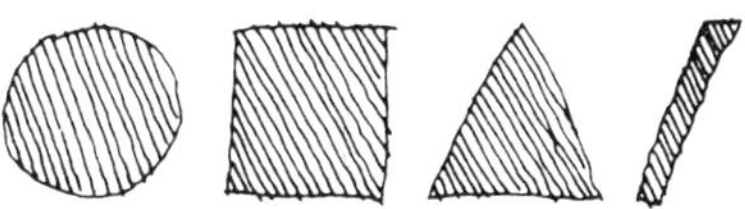

그러고는 가까이 다가가서 후각과 시각을 이용해 꽃의 수를 가늠한다. 벌의 눈은 특히 갖가지 꽃을 알아보고 구분하는 데 아주 능숙하다. 카를 폰 프리슈[‡]의 실험에 따르면, 벌에게 꽃은 있는 그대로의 모습으로 보이지 않는다고 한다.

활짝 핀 꽃이 아닌 꽃봉오리는 벌의 세계에서 어두운 원의 형태로 보인다. 그렇지만 벌은 활짝 핀 꽃과 꽃봉오리의 차이를 어

카를 폰 프리슈_
1886~1982, 독일의 동물행동학자로 벌들의 의사소통에 대해 연구했으며, 1973년 로렌츠, 틴버겐과 함께 노벨 생리·의학상을 공동 수상했다.

렵지 않게 구별해 낸다.

벌의 세계에서 들판은 무수한 원이나 온갖 꽃의 형태로 가득해 보인다. 그 세계는 활짝 핀 꽃의 세계이거나 아니면 꽃봉오리의 세계이다. 이 그림은 들판을 벌과 다른 생명체가 공유하는 복잡한 환경으로 그리고 있다. 아울러 들판은 벌의 세계에서도 복잡한 환경으로 나타난다.

야곱 폰 웩스쿨에 따르면 앞에서 설명한 개미와 벌은 동일한 환경을 공유하지만, 서로 다른 움벨트에서 살고 있는 것이다.

관찰 방법 익히기

우리와는 감각 기능과 크기가 다른 동물의 움벨트를 제대로 이해하기는 어렵다. 인간의 생각으로 동물의 삶을 설명하려고 하기 때문이다. 우리 생각에 작아 보이는 개미도 그 세계에서는 크거나 표준인 존재일지 모른다. 또 우리에게 고통스럽고 소란스러워 보이는 새의 날갯짓도 어쩌면 다른 새에게 구애하는 행위일 수 있다. 꿀벌이나 말벌의 위협적인 윙윙거림도 이동할 때 내는 소리에 불과할지 모르는 것이다.

우리는 동물의 세계에 조심스럽게 서서히 다가가야 한다. 그러려면 인내와 침묵은 필수적이다. 동물을 방해하지 않고 함께 있을 수 있어야 하고, 같은 종의 동물들 사이에 나타나는 미세한 차이도 구분해 낼 수 있어야 한다.

개미의 생활을 관찰한다고 해 보자. 한 가지 방법은 개미 한 마리를 잡아서 병에 넣고 어떻게 움직이는지 관찰하는 것이다. 그러나 이 관찰법은 집단 생활을 하는 개미에게는 피해야 한다. 개미가 집단의 구성원으로 존재하지 못한다면 살 수 없을 뿐만 아니라 일상의 기능도 수행할 수 없기 때문이다. 개미는 외로워서 죽고 말 것이다.

또 다른 방법은 개미를 그냥 바라보는 것이다. 이 방법도 말처럼 쉽지는 않다. 눈으로 개미 한 마리를 좇아가며, 나뭇잎 아래를 지나가도 놓치지 않고 다른 개미들과 헛갈리지 않도록 온 정신을 집중해야 한다. 처음에는 몇 분씩 관찰하다가 점차 인내심을 키우며 시간을 늘려 가면 된다. 여유를 가지면서도 감각을 총동원해야 한다. 동물 관찰은 명상을 하는 것이나 다름없다.

동물행동연구가인 니코 틴버겐[+]이 어떻게 동물 세계에 뛰어들어 꿀벌을 죽인 말벌의 일생을 밝혀 냈는지 귀기울여 보자.

1929년 어느 화창한 여름날, 나는 근심에 잠겨 모래벌판을 정처 없이 걷고 있었다. (……) 그러다가 밝은 주황색 말벌을 발견했다. (……) 말벌은 맨 모래판에서 뭔지 모르게 바삐 움직이고 있었다. 기운차게 푸르르 떨면서 조금씩 뒷걸음치며 모래를 차 내고 있었던 것이다. 말벌이 발길질할 때마다 그 뒤로 모래가 풀풀 날렸다. (……) 그 자리에 멈춰 서서 살펴보니 말벌은 땅속에 굴을 파고 있었다. 이렇게 10분쯤 굴을 파더니 말벌은 몸을 돌려 입구 쪽에서 물러났다. 그러고는 그 위로 푸석푸석한 모래를 긁어모아 굴 입구를 덮고 다독거렸다. 금세 입구가 완전히 모래로 가려졌다. 이윽고 말벌은 붕 날아올라 공중에 점점 큰 고리 모양을 그리며 주변을 빙빙 돌다가 날아가 버렸다. (……) 나는 말벌이 조만간 먹이를 갖고 돌아올 거라 생각하고 기다리기로 했다. (……) 모래벌판에 앉아 주위를 둘러보다가 말벌의 마을처럼 보이는 곳을 발견했다. (……)

오래지 않아 집으로 돌아오는 말벌이 보였다. (……) 자기만 한 검은 물체를 갖고 오고 있었다. (……) 꿀벌이었다. (……) 그날 오후 내

내 말벌이 일하는 모습을 지켜보다가 나는 어느새 분주한 곤충 마을에서 벌어지고 있는 일에 푹 빠지고 말았다. (……) 이날은 나의 삶에서 기념비적인 날이었다. 이날 이후로 몇 년 동안 처음에는 혼자서, 나중에는 레이덴 대학 동물학과 동료들과 함께 말벌을 관찰하며 여름을 보내게 된 것이다. (……)

본격적으로 작업을 시작하면서 말벌이 일하는 오전 8시부터 오후 6시까지 말벌 마을에서 지냈다. (……) 낡은 의자, 휴대용 쌍안경, 공책, 그리고 그날 먹을 물과 음식이 내가 준비한 장비였다.

관찰할 내용

동물을 관찰할 때 우리는 그 동물의 입장이 되어 소설이나 공상 과학 소설에서나 볼 수 있는 생소한 세계를 상상해 보아야 한다. 이것은 모든 동물이 살아 나가기 위해 조직하고 관련을 맺는 세 가지 경험에 집중하도록 도움을 준다. 첫째, 공간에 자리 잡기이다. 둘째, 성장과 변화, 즉 시간이다. 셋째, 적과 동료 또는 먹이, 즉 기질과 분위기에 대해 반응하기이다. 공간, 시간, 반응은 모든 동물의 삶에서 중요한 것들이다. 이 세 측면이 개개의 동물에 의해 어떻게 조직되는지를 이해함으로써 우리는 동물이 느끼고 활동하는 방식을 이해할 수 있게 된다. 그러려면 먼저 우리의 감각을 잊어야 한다. 즉 시간 감각, 거리 감각뿐만 아니라 적과 동료를 구분하는 감각도 접어 두어야 한다. 다른 세계에 가까이 다가가려면 잠시 우리 자신을 잊어야 한다는 말이다.

　동물의 공간, 시간, 반응 세계로 접근하는 가장 쉬운 길은 동물
의 감각이 활동하는 방식을 이해하는 것이다. 개미는 진동에 어
떻게 반응할까? 빛은 편형동물[‡] 세계에서 어떤 역할을 할까? 뱀장
어는 소리에 어떤 반응을 보일까? 이와 같은 물음은 온갖 동물의
움벨트를 이해하는 데 도움을 준다.

2

세계에서 자리 잡기

세계에서 자리 잡기

　　모든 동물의 삶에서 중요한 측면은 어떤 방식으로 공간을 경험하느냐이다. 즉, 그들이 살아가는 장소와 다른 동물들이 살아가는 장소를 어떻게 경험하는가이다. 공간 감각이 없다면 동물은 사냥할 수 없을 뿐만 아니라 어떻게 집으로 돌아가야 할지 또 쫓기고 있을 때 어떻게 달아나야 할지 분별할 수도 없다. 게다가 짝을 찾을 수도 없고 둥지를 틀 수도 없으며, 안전한 장소를 찾아 알을 숨겨 둘 수도, 새끼를 낳을 수도 없다. 공간은 모든 동물의 삶에서 주요한 요소 가운데 하나이다. 그러나 모든 동물이 똑같은 방식으로 공간을 경험하지 않는다는 사실에 주의해야 한다.

　　사람의 공간 감각이 어떻게 발전하는지 생각해 보자. 우리는 우리 자신이 속한 공간과 나머지 공간이 어느 곳인지 잘 알고 있다. 그러나 갓난아기를 생각해 보자.

　　갓 태어난 아기는 처음 몇 주 동안 먹을 것이 어디에서 오는지,

그것의 맛이 어떠한지, 감촉은 어떠한지를 알아내는 데 몰두한다. 그러다가 각기 독특한 소리를 개개의 특정한 사람, 동물 또는 기계와 연관시켜 생각할 수 있게 된다. 실제로 그 소리가 얼마나 먼 곳에서 들려오는지는 모르더라도 '바깥 세계'에서 나는 소리임을 알게 되는 것이다. 아기는 자신이 내부에서 만들어 내는 소리, 즉 울음소리가 종종 먹을 것과 따스한 손길을 불러온다는 사실도 재빨리 익힌다.

아기는 처음엔 먹을 것이나 자신을 보살피는 사람이 어느 곳에서 오는지 감지하지 못한다. 아마도 아기의 공간 세계는 누워 있는 침대보다 더 넓지 않을 것이다. 좀 더 지나 아기가 기어 다니기 시작하면, 여러 공간들이 서로 얼마나 멀리 떨어져 있고, 다른 사람과 애완동물이 어느 곳에서 시간을 보내는지 생각을 점차 넓혀 나간다. 초인종이 울린 뒤 집 안으로 들어오는 낯선 사람이 어디에서 온다고 아기가 생각할지 한번 상상해 보자. 과연 아기에게 문밖 세계는 어떤 공간으로 비쳐질까?

아기는 전자의 움직임을 지각할 수 없다. 그러나 아기가 아주 예민해서 그 움직임을 지각할 수 있다고 한다면, 아기의 공간 감각은 어떠할지 생각해 보자. 느낄 수 있고 냄새 맡을 수는 있지만, 볼 수 없고 들을 수 없는 아기의 공간은 어떠할지 상상해 보자.

문밖 너머에 대한 평범한 아기의 공간 감각은 우리가 경험하는 문밖 너머 '바깥 세계'의 공간 감각과 그리 다르지 않다. 15세기 사람들은 세계가 평평하다고 생각했다. 콜럼버스가 신세계로 항해를 떠날 때, 사람들은 그러다가 지구 끝으로 떨어질 게 뻔하다고 생각했다. 그래서 사람들은 그를 미쳤다고 여겼다. 이 사람들에게 세계는 팬케이크처럼 평평했던 것이다. 그러나 초기 탐험가들은 세계가 평평하다고 생각하지 않았다. 그들은 한 방향으로 계속 항해하여 가다 보면 결국 처음 여행을 시작했던 출발지에 닿을 거라 믿었다. 왜냐하면 지구는 둥글기 때문이다. 지구가 평평하다고 생각했던 사람들은 하늘을 커다란 텐트와 같다고 여겼다. 지구 위 어딘가에 별과 달과 해를 매달고 있는 뚜껑이 있다고 생각했던 것이다. 이제 우리는 우주를 찍은 사진을 볼 수 있기 때문에, 달이 하늘의 천장에 매달려 있지 않음을 안다. 그래도 여전히 바깥 우주가 정말로 어떤 모습일까 생각하느라 고심한다. 이렇듯 우리의 움벨트는 많이 아는 만큼 변해 간다.

자신으로부터 시작하기

눈을 감고 한쪽 손을 눈앞에 들어 올려 왼쪽에서 오른쪽으로 움직여 보자. 그리고 어느 곳에서 오른쪽과 왼쪽이 시작되는지 생각해 보자. 눈을 감고서 몸의 중심을 느껴 본다면 어디가 그 중심이 될까? 여러 차례 시도해 보자. 손이 코를 지날 때 여러분은 무언가가 느껴지는가?

이번에는 다시 눈을 감고 한쪽 손바닥을 아래로 향하게 한 채 얼굴 앞에서 위아래로 움직여 보자. 아마도 여러분은 눈썹과 윗

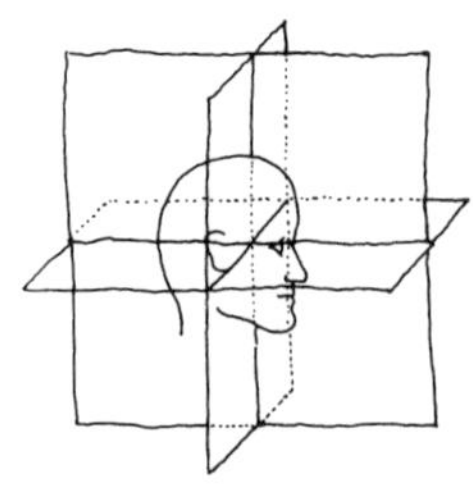

위와 아래, 오른쪽과 왼쪽,
앞과 뒤가 만나는 곳

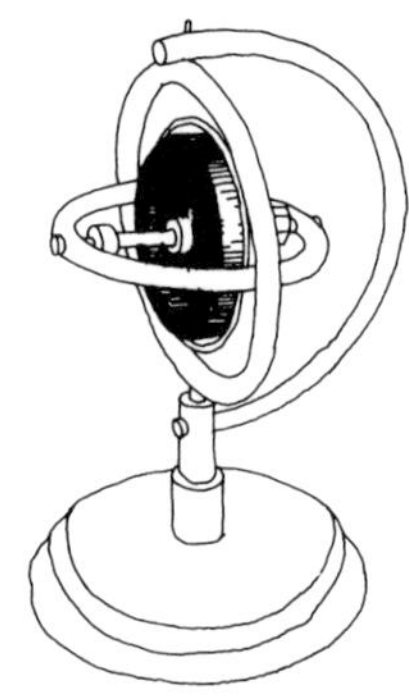

자이로스코프
자유롭게 회전할 수 있는 틀
속에서 임의의 축을 중심으로
하여 빠르게 회전하는 바퀴로
이루어진 장치. 바퀴의 운동량
에 의해 틀이 기울어져도 항상
그 위치가 유지된다.

입술 사이 어딘가에서 감각이 위에서 아래로, 그리고 아래에서 위로 변하는 곳을 느꼈을 것이다.

이제 세 번째 실험으로 눈을 감고 손바닥이 앞쪽을 향하게 한 뒤 귀 높이로 들어 앞뒤로 움직여 보자. 앞이 시작되는 곳은 어디인가? 그리고 뒤는 어디에서 시작되는가? 대부분의 사람들이 귀 근처에서 변화를 느끼는데, 어떤 사람들은 코끝까지 가서 변화를 느끼기도 한다. 이 실험을 할 때, 손이 상상의 선들을 지나칠 때마다 가벼운 현기증을 느끼는 사람들도 있다. 그런데 이 선들은 단지 상상일 뿐일까?

여러분이 위와 아래, 오른쪽과 왼쪽, 앞과 뒤 사이의 차이를 느낀 곳을 지나는 세 면을 그림으로 그려 본다면, 이 면들은 대체로 머릿속 한 지점에서 교차할 것이다. 그곳은 균형 기관, 즉 반고리관이 있는 곳이다. 이 기관의 도움으로 우리는 기울어지거나 넘어지려 할 때, 균형을 잘 잡아야 할 때를 알 수 있다. 반고리관은 우리 몸에서 원양 어선의 자이로스코프[+]처럼 작용한다. 바다에서 배가 어떻게 움직이든 자이로스코프는 계속해서 똑바로 회전함으로써 배가 매우 위험하게 한쪽으로 기울었을 때를 알려 준다. 그것은 배가 일정한 방향으로 계속해서 항해하도록 도와주는 내부 자동 조정 장치인 것이다.

기본적으로 자이로스코프는 움직이는 틀 안에 놓인 회전 바퀴로 이루어진다. 여러분은 장난감 가게에서 비싸지 않은 자이로스코프를 사서 균형을 잡는 놀라운 묘기를 부리거나 실험을 할 수도 있다. 자이로스코프가 회전하는 동안 손을 이리저리 움직인다고 해도, 그것은 손가락 끝에서도 균형을 잡을 수 있다. 마찬가지로 유리컵 가장자리, 숟가락 또는 긴 막대기 위에서도 균형을 잡는다. 아래쪽으로 살짝 밀어도 떨어지지 않고, 도저히 불가능해 보이는 각도인데도 계속 돌면서 균형을 잡는다. 자이로스코프를 올려놓은 물체가 어떤 방향으로 움직이든 자이로스코프의 축은 항상 같은 방향을 가리킨다. 바로 그 때문에 항해할 때 자이로스코프를 이용하는 것이다. 배가 움직이는 곳이 어디든 그 축은 같은 방향을 가리킨다. 그것은 마치 하늘의 한 지점에 고정되어 길잡이가 되는 북극성이 배 안에 있는 것과 같다. 여러분은 자이로스코프와 장난감 배로 어떻게 이런 일이 일어나는지를 관찰할 수 있다. 물을 가득 채운 욕조에 배를 띄우고 그 위에 회전하는 자이로스코프를 올려놓는다. 그러고 나서 배를 굽이치는 물결 속으로 밀어 자이로스코프에 일어나는 일을 관찰해 보자.

우리 귀의 반고리관은 자이로스코프 기능을 하는 것으로 여겨진다. 아무리 이곳저곳을 돌아다녀도, 반고리관 때문에 우리는 위와 아래, 오른쪽과 왼쪽 그리고 앞과 뒤를 감지할 수 있다. 물론 언제나 반고리관이 작용하는 것은 아니다. 지나치게 빙글빙글 돌았거나 술을 너무 많이 마셨거나 마취를 했을 때, 반고리관은 그 역할을 수행하지 못한다. 말 그대로 우리가 있는 곳이 어디인지 모를 때도 있는 것이다.

반고리관은 섬모$^{+}$와 액체로 가득 찬 세 개의 관으로 구성되어

섬모
대부분의 동물 조직 세포에 많이 있는 짧고 가는 털로 필라멘트 형태의 구조물. 물체를 일정한 방향으로 운반하거나 세포 자체를 이동시킨다.

있다. 액체가 출렁거리면 보통 말라 있던 털이 젖으면서 뇌에 균형을 잃었다고 신호를 보낸다. 우리 몸의 나머지 부분이 그런대로 잘 작동하면, 우리의 근육이 불균형을 바로잡는다. 반고리관이 격렬하게 흔들리면, 현기증을 느끼게 된다.

우리는 대개 현기증에 그다지 신경 쓰지 않는다. 왜냐하면 우리 몸은 알아서 작은 변화라도 바로잡아 균형을 유지하기 때문이다. 계단을 내려갈 때와 가파른 언덕을 올라갈 때 우리는 몸의 자세를 다르게 잡는다. 극단적으로 몸의 균형을 잡지 못하고 격렬하게 움직일 때 우리는 메스꺼움이나 현기증을 느낀다. 그때 우리는 균형을 잡아야 한다고 느낀다. 그러면 우리 몸 안의 자이로스코프는 원활하게 자동적으로 제 기능을 해서 대단한 노력을 기울이지 않고도 일정한 방향을 잡을 수 있도록 해 준다.

균형 장치가 우리와 비슷한 동물들이 있다. 바로 물고기이다. 물고기한테도 세반고리관이 있어 우리가 공중에서 일정한 방향을 잡는 것처럼 물속에서 방향을 잡을 수 있는 것이다.

또 어떤 곤충에게는 우리의 반고리관의 털과 유사한 기능을 하는 다리 털이 있다. 개미는 모든 마디, 즉 다리 위뿐만 아니라 몸통과 머리 마디에 짧은 털이 있다. 개미가 몸을 쭉 뻗고 쉬는 자세로 다리들을 내려놓더라도, 이 짧은 털들은 어떤 마디에 스치거나 짓눌리지 않는다. 그러나 개미가 다리를 들어 올리는 순간 털을 건드리게 되어 다리와 땅 사이에 어떤 관련이 있는지 알게 된다. 또 배를 옆으로 돌리면, 개미는 새로운 방향으로 가야 함을

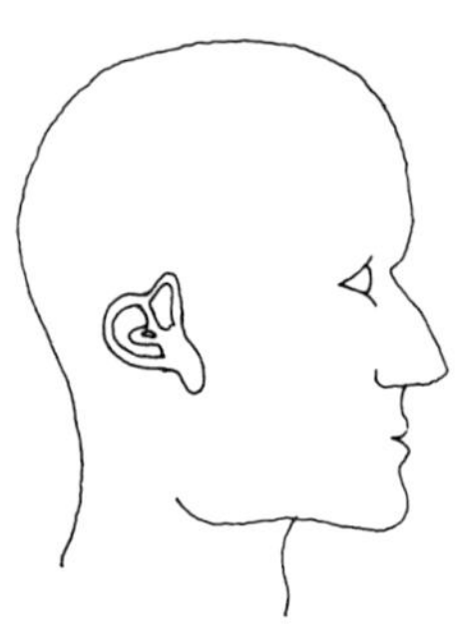

우리 몸 안의 자이로스코프―
반고리관

느끼게 된다. 그러다가 조약돌 같은 장애물을
만나면 개미는 더듬이를 낮춰 더듬이의 털로
조약돌의 높이를 알아낸다. 개미의 공간 감각
은 삼차원적이지만, 개미의 움벨트에서 중요한
것은 시각이 아니라 촉각이다.

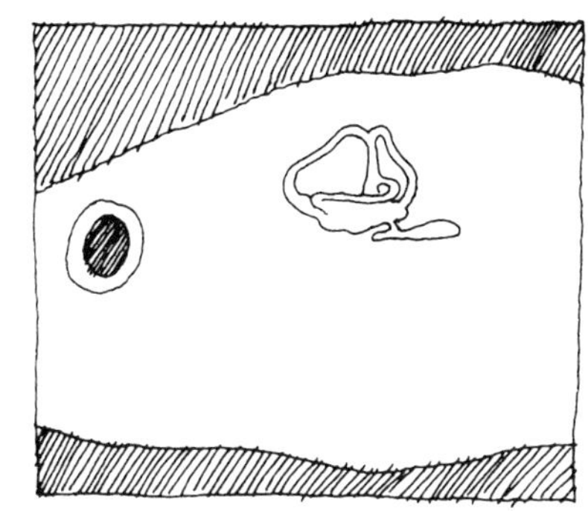

개미의 공간 감각이 어떠한지 알아보기 위해
상자, 커다란 돌덩이, 의자 몇 개, 낡은 타이어
따위를 장애물 삼아 길에 늘어놓아 보자. 그러고 나서 눈을 가리
고 손과 무릎으로 기어서 그 길을 따라 가 보자. 곧바로 한 가지
문제가 일어날 것이다. 장애물에 부딪치지 않도록 머리를 보호하
는 방법을 찾아내야 하는 일 말이다. 우리는 눈으로 보지 않고 앞
으로 이동하면서, 다른 감각 기관을 이용해 앞에 있는 위험을 미
리 알아차려야 한다.

여러분이 남들에게 바보처럼 보여도 괜찮다면, 잘 휘는 플라스
틱 막대기 두 개를 더듬이처럼 머리에 붙여 보자. 이렇게 하면 개
미의 세계에 좀 더 가까이 다가갈 수 있다. 머리를 이리저리 움직
이면서 더듬이를 통해 전해 오는 진동을 판단하게 되면, 맹인들의
지팡이처럼 더듬이도 아주 유용하다는 사실을 알게 될 것이다.

동물 세계를 상상하거나 실제로 경험해 보려는 사람들은 종종
이러한 속뜻을 알 리 없는 이들에게 괴상망측해 보이는 행동을
하기도 한다. 동물에 관한 연구로 노벨 생리 · 의학상을 받은 콘라
트 로렌츠[+]는 자신을 어미로 믿는 청둥오리들을 길렀다. 새끼 오

콘라트 로렌츠
1903~1989, 오스트리아의
동물학자로, 방목한 동물의 본
능 행동을 연구하여 비교행동
학의 확립에 기여했다. 1973
년 프리슈, 틴버겐과 함께 노
벨 생리 · 의학상을 받았다.

리들이 뒤따라오도록 하기 위해 로렌츠는 오리처럼 꽥꽥거리며 쪼그리고 앉아 오리걸음으로 돌아다녀야 했다. 낯선 구경꾼들에게 틀림없이 정신병자로 보였을 순간을 그는 이렇게 설명했다.

오리처럼 걷는 일은 그리 편안하지 않았다. 게다가 어미 오리가 되어 쉴 새 없이 박자에 맞춰 꽥꽥거리는 것은 더욱더 힘들었다. 내가 겨우 30초만이라도 꽥꽥거리기를 멈추면, 새끼 오리들은 목을 쑥 길게 빼고 꼭 아이들처럼 '골난 얼굴'을 하곤 했다. 곧바로 다시 꽥꽥거리지 않으면, 새된 울음소리가 터져 나왔다. 아무 소리도 내지 않고 있으면, 새끼 오리들은 내가 죽은 것으로 여기거나 더 이상 자기들을 사랑하지 않는다고 생각하는 듯했다. 그것은 충분히 울 만한 이유였다! 회색 기러기 새끼와는 달리 새끼 오리들은 기르기가 까다롭고 힘들었다. 내내 쪼그리고 앉아서 끊임없이 꽥꽥거리며 까다로운 새끼 오리들과 함께 두 시간 동안 걸어다녀야 한다고 생각해 보라! 순전히 과학에 대한 흥미 때문에 나는 꼬박 몇 시간 동안 이런 고초를 겪었던 것이다.

어느 성령강림절에 있었던 일이다. 그날도 나는 새끼 오리 떼와 함께 쪼그려 앉아 꽥꽥거리며 우리 집 정원 위쪽 풀밭을 이리저리 돌아다니고 있었다. 아주 기쁘게도 새끼 오리들은 뒤뚱거리며 고분고분하게 내 뒤를 잘 따르고 있었다. 그런데 문득 고개를 드니 정원 울타리를 따라 죽 늘어선 얼굴들이 보였다. 한 떼의 여행객들이 울타리에 서서 하얗게 질린 채 기가 막히다는 표정으로 나를 바라보고 있었던 것이다. 그도 그럴 수밖에! 턱수염을 기른 커다란 남자가 풀밭에 쪼그려 앉아 뒤뚱뒤뚱 오리걸음을 걸으며, 줄곧 어깨 너머를 힐끗거리면서 꽥꽥거리고 있었으니. 게다가 놀란 여행객들의 눈에는 정작 이 모든 상황

을 낱낱이 밝혀 줄 새끼 오리들이 높이 자란 봄풀에 가려 전혀 보이지
않았던 것이다.

요요 같은 세계

　모든 동물의 삶에서 위-아래, 오른쪽-왼쪽, 앞-뒤가 방향을
측정하는 중심점이 되는 것은 아니다. 대합조개에게는 오른쪽-
왼쪽과 앞-뒤는 위-아래만큼 중요하지 않다. 대합조개는 모래와
진흙 속으로 파고 들어갔다가 다시 나와야 하기 때문에, 위와 아
래의 차이점을 알아야 한다. 그 모습은 위와 아래로 움직이는 요
요와 비슷하다. 비록 훨씬 단순해서 아주 적은 정보를 주지만, 대
합조개와 같은 연체동물에게도 우리의 균형 기관과 같은 형태의
기관이 있다. 대합조개 안에는 짧은 털이 늘어서 있는 강[+]이 있
다. 그 강 안에는 중력에 의해 아래쪽으로 쏠린 작고 둥근 돌이 하
나 놓여 있다. 대합조개가 어떤 방향으로 기우느냐 또는 파도에
의해 어떤 방향으로 휩쓸리느냐에 따라서, 돌은 강 안에서 구르
면서 특정한 털을 건드리게 된다. 그러면 건드려진 털에 따라 대
합조개의 신경계에 의해 메시지가 선택되는 것이다. 균형을 잃으
면, 대합조개는 균형을 지시하는 털 위에 다시 돌이 자리 잡을 수
있도록 재빨리 이동하라는 정보를 받게 된다. 그래서 대합조개는
자신이 지표면에 평행한지 아니면 비탈에 있는지를 알 수 있는
것이다. 지표면이나 비탈에 있다면, 대합조개는 필요에 따라 파

강_
腔. 몸 안의 빈 곳.

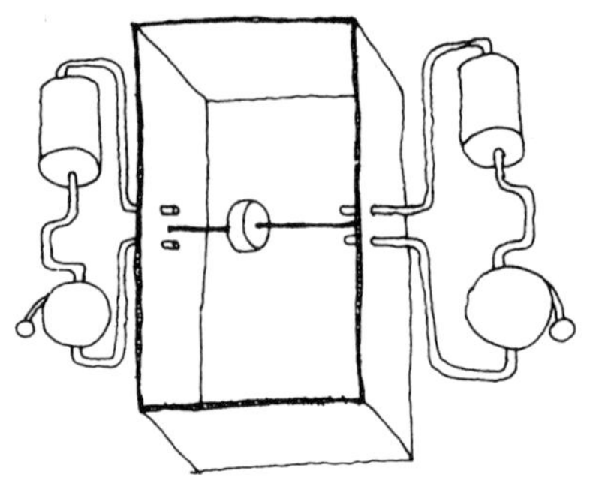

대합조개의 균형 기관 모형

고 들어가든지 아니면 파고 나오든지 한다. 대합조개의 움벨트를 이해하려면 바로 이러한 위-아래 방향 감각을 지각하고, 왼쪽과 오른쪽 그리고 앞과 뒤는 잊어야 한다.

얇은 플라스틱 상자, 무거운 금속 구슬, 줄과 전선, 종, 건전지를 이용해서 대합조개의 균형 기관 모형을 만들어 실험해 볼 수 있다.

상자가 똑바로 세워져 있다면, 대합조개가 위나 아래로 움직이고 있음을 나타낸다. 각도가 틀어지지 않는 한, 상자에서는 아무 일도 일어나지 않는다. 그러나 상자가 기울어지면, 구슬은 기울어진 쪽으로 굴러서 종이 울리게 된다. 이것은 상자의 위치를 바로잡아야 한다는 신호이다. 각도를 바로잡지 못하면 구슬은 다시 반대쪽으로 미끄러진다. 두 개의 종이 울리지 않으면, 상자는 똑바로 세워져 있다는 표시이다.

평평한 세계

여러분이 한 장의 종이 위에서 살며 일정한 방향으로만 움직여야 한다고 생각하고 종이 위에서 움직여 보라. 왼쪽-오른쪽 그리고 앞-뒤의 방향 감각은 있는데, 위와 아래는 존재하지 않는다. 그러한 세계가 바로 이차원의 세계이다. 에드윈 애벗[+]은 그의 저서 『플랫랜드(평지)』에서 그러한 세계를 만들어 내려고 했다. 책의

첫 장에서 이차원 세계에 살고 있는 화자는 그의 세계를 이렇게
설명하고 있다.

내가 우리의 세계를 평지라고 부르는 까닭은 그렇게 불리기 때문만
은 아니다. 공간에서 살 수 있는 특권을 받은 행복한 독자 여러분에게
평지의 본질을 더 분명하게 알려 주기 위해서 이 세계를 평지라고 부
르기로 한다.

커다란 종이 한 장을 상상해 보자. 종이 표면 위에는 직선, 삼각형,
사각형, 오각형, 육각형 그리고 다른 여러 모양이 한자리에 고정되지
않고 표면 위나 안을 자유로이 움직이고 있다. 그러나 그 모양들은 위
로 솟아오르거나 아래로 가라앉을 힘이 없어서, 명암 대조가 분명하
고 뚜렷한 테두리가 쳐진 그림자와 아주 흡사하다. 이제 여러분은 내
가 살고 있는 나라와 이곳 사람들에 대해서 꽤 정확히 알았을 것이다.
아! 몇 년 전이었다면 '나의 우주'라고 말했을 텐데. 그러나 지금 내
마음은 사물을 좀 더 높은 관점으로 보도록 열려 있다.

이런 나라에서는, 여러분은 '입체' 종류라고 부르는 그 무언가가 존
재할 수 없다는 사실을 곧 깨닫게 될 것이다. 그러나 앞서 여러 모양
이 한자리에 고정되지 않고 자유로이 움직이고 있다고 설명했기 때문
에 여러분은 우리가 삼각형, 사각형 그리고 다른 모양을 눈으로 보고
구별할 수 있으며 그 주위를 돌아다닐 수도 있을 거라고 짐작할 것이
다. 하지만 그와 반대로 우리는 그 모양을 전혀 볼 수 없고 각각의 모
양을 구별해 낼 수도 없다. 직선 말고는 어떤 모양도 보이지 않고, 볼
수도 없기 때문이다. (……)

빈 공간에 있는 탁자 한가운데에 동전을 올려놓고 그 위로 몸을 숙
여 동전을 내려다보자. 동전은 원으로 보일 것이다.

그러나 이제 탁자 가장자리로 물러나서 차츰차츰 눈높이를 낮추어 보자. 그렇게 함으로써 여러분은 평지에 사는 사람들의 환경 속으로 더 가까이 다가가게 된다. 여러분의 눈에 어느덧 동전은 점점 더 타원형으로 보일 것이다. 그러다가 마침내 눈이 정확히 탁자 가장자리에 머무를 때, 다시 말해 여러분이 실제로 이차원적인 사람이 되면, 동전은 전혀 타원형으로 보이지 않는다. 여러분이 볼 수 있는 한, 동전은 일직선이 되는 것이다.

똑같은 방식으로 삼각형 또는 사각형, 아니 다른 어떤 모양을 갖고 실험해 보아도 모두 똑같이 일직선으로 보일 것이다. (……)

공간 세계가 평지와 비슷한 동물들이 있다. 자, 물 위를 미끄러지듯 움직이는 소금쟁이를 생각해 보자. 소금쟁이는 물 위에 표면 장력[+]을 일으키는 얇은 막 위에서 산다. 소금쟁이는 헤엄을 칠 수 없다. 그래서 이 표면 장력이 깨어지게 되면 소금쟁이는 물에 빠져 죽는다.

소금쟁이의 다리에는 우리의 반고리관 속의 털과 같은 수천 개의 섬모가 있다. 그것은 소금쟁이가 물 위에 떠 있을 수 있게 하고 표면을 미끄러지듯 움직이면서 방향을 바꾸거나 멈출 수 있도록 도와준다. 소금쟁이가 활동하는 세계는 거의 완전히 이차원적이다. 따라서 삼차원은 소금쟁이에게 위험 요인이 될 수 있다. 소금쟁이를 잡으려고 물고기들은 수면 아래에서, 새들은 수면 위에서 달려든다. 그러나 소금쟁이의 활동은 물 표면에서 이루어지기 때문에 이차원적이다. 소금쟁이가 자기를 해치려고 덤벼드는 약탈

자를 의식할 수 있는지 없는지, 또는 수면 위를 휙휙 날아다니는
동작이 살아남기 위해 의식적으로 취하는 보호 행동인지 아닌지
는 분명하지 않다.

　소금쟁이를 잡거나 해치지 않고 소금쟁이를 실험할 수 있다.
우리 집 근처에 금붕어들과 무수한 수중 곤충들이 사는 작은 연
못이 하나 있다. 길고 우아한 다리를 가진 소금쟁이는 마치 공기

쿠션 위에서 이동하는 것처럼 보여서 연못의 다른 곤충과 쉽게 구별된다. 우리는 소금쟁이 몇 마리를 잡아서, 연못 물이 가득 담긴 주둥이가 넓은 병에 넣었다. 그러고 나서 여러 가지 물체를 소금쟁이 위로 가까이 다가가게 하는 실험을 해 보았다. 소금쟁이는 위쪽에서 물체가 다가오는데도 전혀 반응하지 않았다. 그러나 물을 살짝 건드리기만 해도 곧바로 반응하면서 병 속을 이리저리 미끄러져 다니기 시작했다. 이 실험을 통해 소금쟁이의 세계가 정말 이차원임을 알 수 있다.

여러분도 아주 쉽게 소금쟁이를 잡아서 직접 실험해 볼 수 있다. 연못 물을 채운 병에 소금쟁이를 넣어 서늘한 곳에 둔다. 오래도록 둘 계획이라면, 소금쟁이에게 파리나 먼지벌레 유충 같은 살아 있는 곤충을 먹이로 준다. 소금쟁이들이 쫓아가서 그 먹이를 잡도록 잠시 내버려 두는 게 가장 좋을 것이다. 그러면서 여러 가지 질문에 대한 해답을 찾아보자. 소금쟁이는 어떻게 어둠에 반응하는가? 숟가락으로 병을 톡톡 두드리면 소금쟁이는 어떤 행동을 하는가? 아래쪽에서 물체가 다가올 때 소금쟁이는 반응을 하는가? 소금쟁이가 눈치 채지 못하게 물을 아주 살짝 재빠르게 건드릴 수 있을까?

차원이 없는 공간

완전히 둥근 공을 생각해 보자. 공에는 앞이나 뒤 또는 오른쪽이나 왼쪽이 없다. 이제 그 공이 끝없는 공간을 떠다니고 있다고 상상해 보자. 공은 이따금 물체에 부딪쳐 튀어 나가기도 하면서 일정한 방향으로 나아가지 못한다. 그러한 공간에서는 위 또는 아래가 존재하지 않기 때문이다. 차원과 방향이 존재하는 공간에 있으면서도 공은 차원과 공간을 경험하지 못하는 셈이다.

공과 유사한 공간에서 사는 아주 작은 동물들이 있다. 촉모를 가지고 있는 짚신벌레 같은 단세포 동물들은 후퇴-공격과 같은 방법으로 방향을 잡는다. 짚신벌레는 앞쪽이나 뒤쪽이 없고 위쪽이나 아래쪽도 없는데, 오른쪽이나 왼쪽마저 없다. 그것들은 물속에서 살며 조류에 따라 이동한다. 이리저리 돌아다니다가 어느 쪽으로든 사물과 부딪친다. 물론 배를 젓는 노와 같은 기능을 하는 섬모가 있는 단세포 동물도 있기는 하다. 그러나 그것들의 몸에는 얼굴이나 앞면이라고 부를 수 있는 부분이 전혀 없다. 그래서 앞쪽이나 뒤쪽으로 움직이지 못한다. 그저 단순히 움직일 뿐이다. 그럼에도 단세포 동물은 그들 세계에 존재하는 모든 것들에 반응한다. 일단 무언가와 접촉을 하면, 먹을 수 있는 것이면 흡입하고 먹을 수 없는 것이면 물러선다. 단순하게 살아가는 단세포 동물의 공간은 단순하게 구성된다. 만약 여러분이 단세포 동물처럼 마구 움직이면서도 제한된 반응을 하고 있다면, 그 공간에는 뚜렷한 차원이 있다고 할 수 없다. 그런 세계에서는 앞면

수중 생물들

위쪽이나 뒷면 위쪽과 같은 세계가 전혀 없다. 예를 들어 아메바가 어떻게 방향을 잡는지 생각해 보자. 아메바는 삼차원적 균형을 잡을 필요도 없을 뿐 아니라 안정된 형태를 가질 필요도 없다.

거의 모든 연못에서 짚신벌레를 쉽게 발견할 수 있다. 그리고 50배율이나 100배율의 현미경을 사용해서 짚신벌레를 관찰할 수 있다. 10분이나 15분 동안 관찰해 보면, 짚신벌레들이 어떤 식으로 마음대로 빙글빙글 회전하고 부딪치고 물러나는지 알게 될 것이다. 날카로운 핀을 물속에 넣어서, 짚신벌레들이 압력에 어떤 반응을 보이는지 실험할 수도 있다. 100배율보다 낮은 50배율의 현미경을 이용하면 움벨트 안에서 이루어지는 짚신벌레의 공간 감각을 더 잘 이해할 수 있다. 그 이유는 낮은 배율의 현미경을 통해 보면 덜 미세한 대신 관찰하려는 짚신벌레는 더욱 뚜렷하게 보이기 때문이다.

공간의 소리를 들을 수 있을까?

당나귀 꼬리에 핀 꽂기 놀이⁺나 까막잡기 놀이⁺를 해 본 적이 있는가? 이 놀이들은 사람을 빙빙 돌게 하여 반고리관을 흔들어서 방향 감각을 잃게 하는 것으로 시작된다. 여러분은 눈을 가리고 목표물의 위치를 알아내야 한다. 당나귀 꼬리에 핀 꽂기 놀이는 얼마나 많이 빙글빙글 도는지 그리고 어지럼증을 얼마나 잘 견딜 수 있느냐에 승패가 달려 있다. 까막잡기 놀이는 원리가 좀 다르다. 눈을 가린 상태에서 사람들의 목소리와 움직임을 듣고 그들의 위치를 알아맞히면 되는 것이다. 까막잡기 같은 놀이를 자주 해 보지 않았다고 해도, 우리는 시각과 촉각뿐 아니라 청각을 통해 공간에 있는 사물의 위치를 알아낼 수가 있다. 우리의 움벨트는 모든 감각을 총동원해서 만들어진다. 그래서 하나의 감각이 없을 때 나머지 감각들이 얼마나 잘 활동하는지 알아보려면 그 감각을 차단해 보아야 한다.

공간에서 인간의 청각은 다른 동물들에 비해 불완전하게 발달되어 있다. 까막잡기 놀이에서 흥미로운 부분은 우리가 눈보다는 귀를 이용해 사물의 위치를 알아내기가 더 어렵다는 것이다. 가령 뒤에서 무슨 소리가 난다 해도, 그 소리가 얼마나 멀리서 들려오는지 우리는 잘 알지 못한다. 또 그 소리가 어느 방향에서 나는지도 쉽게 알 수가 없다. 설령 소리 나는 방향이 왼쪽인지 오른쪽인지 구별할 수 있더라도, 우리의 귀는 앞쪽에서 나는 소리인지 아니면 뒤쪽에서 나는 소리인지를 거의 구별하지 못한다. 눈을 감고 친구들에게 소리 내지 말고 앞쪽이나 뒤쪽으로 3미터쯤 움직이라고 해 보자. 그들이 여러분 앞에 있는지 뒤에 있는지 말해서는 안 된다. 대신 크게 손뼉을 쳐 보거나 종을 울리거나 나뭇조각 두 개를 맞부딪쳐서 소리를 내 보라고 하자. 그 소리는 여러분 앞에서 들려왔는가, 아니면 뒤쪽에서 들려왔는가?

여러분의 눈은 귀처럼 한계가 있다. 머리를 움직이지 말고 최대한 멀리 왼쪽을 바라보라. 그리고 같은 방법으로 오른쪽을 바

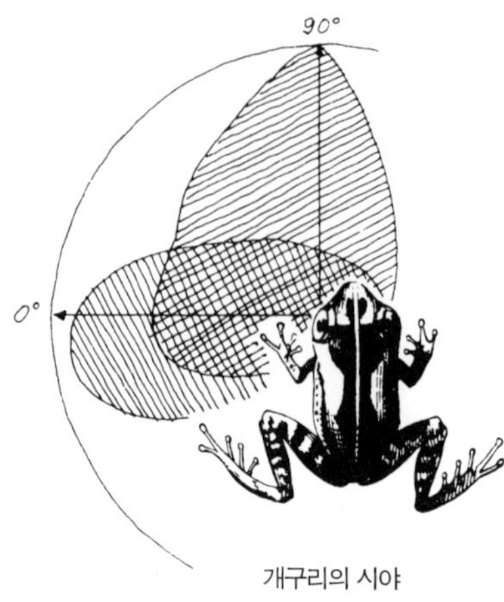

개구리의 시야

생체공학(바이오닉스)_
생물이 지닌 기능을 전자 기기
따위에 응용하려는 학문.

라보라. 그 거리가 바로 그 순간 여러분이 볼 수 있는 한계 시야이다. 우리는 360도 전부를 보지는 못한다. 그러나 많은 동물들의 움벨트에는 360도를 모두 볼 수 있는 시각과 들을 수 있는 청각이 존재한다. 사람들은 동물 감각을 흉내 내기 위해 개발한 장치를 통해서만 정확히 보고 들을 수 있지만, 동물들은 그런 것 없이도 정확히 보고 듣는다. 사실 동물들의 감각 기능을 수행하는 기계를 만들려고 노력하는 공학 분야가 있다. 바로 생체공학[+]이 그것이다. 레이더는 박쥐의 청각에 기초해 개발되었다. 그리고 카메라와 비행기의 폭격 조준기는 독수리의 눈에 기초해 개발되었다. 그러나 최상의 기계조차 동물의 예민한 감각과 그 한계에 근접하지 못한다. 아무리 유능한 과학자라도 그가 연구하는 동물들의 움벨트를 추측할 수 있을 뿐이다.

청각에 대한 인간의 잠재력들을 개선하고 강화시켜야 한다고 상상해 보자. 그래서 인간의 움벨트에서 시각에 의해 행해지는 중심 역할을 무시해야 한다고 생각해 보자. 가령 달이 뜨지 않은 밤의 올빼미를 떠올려 보자. 올빼미는 캄캄한 밤에도 먹이를 잡을 수 있다. 올빼미의 눈이 커서가 아니다. 마치 우리가 눈으로 앞에 있는 등불의 위치를 알 수 있듯이 올빼미는 귀로 먹이의 위치를 아주 정확하게 파악하기 때문이다.

소리로 방향을 잡고 의사소통을 하는 고래와 돌고래의 능력은 정말 경이롭다. 고래들은 수백 킬로미터 떨어진 곳으로도 메시지를 전달하고 상대편이 내는 소리를 향해 헤엄치면서 광활한 바다에서 상대방을 찾아낼 수 있다. 최고 속력으로 헤엄치는 동안에도 돌고래들은 자신들이 내는 소리와 그 소리들이 반향되는 진로로 움직이는 물체의 속도와 위치를 가늠한다.

돌고래는 소리로 방향을 잡고 의사소통을 한다.

마르코 폴로 놀이는 돌고래의 세계가 어떠한지 알 수 있게 해 주는 물놀이이다. 이 놀이는 작은 수영장에서 네 사람 이상 하는 것이 가장 좋다. 술래로 뽑힌 사람이 눈을 가리고 수영장 한 편에 서서 열을 세는 동안 다른 사람들은 물속으로 뛰어들어 뿔뿔이 흩어진다. 술래는 열까지 센 뒤 물속으로 뛰어들어 '마르코'라고 외친다. 술래는 놀이 내내 눈을 가리고 있어야 한다. 술래가 '마르코'라고 소리치자마자 다른 사람들은 '폴로'라고 외쳐야 한다. 술래가 그 소리를 쫓아가서 상대를 잡게 되면 잡힌 사람이 술래가 되는 것이다.

놀이를 하는 동안 사람들은 계속 움직일 수 있다. 술래가 '마르코'라고 외치면, 모두들 '폴로'라고 점점 더 빨리 대답해야 한다. 술래는 움직이는 무언가가 내는 소리를 따라 움직이게 되는데, 이것이 바로 방향을 잡게 하는 소리이다. 마르코 폴로 놀이를 하다 보면, 전혀 눈으로 보고 있지 않다는 사실을 잊을 정도로 아주 빨리 반응을 하는 데에 놀라게 된다.

촉각으로 세계를 알아보기

친구와 다음과 같은 실험을 해 보자. 종이, 공, 시리얼 상자, 공깃돌, 금속 병 뚜껑, 유리컵, 우유갑 그리고 대패질한 나뭇조각같이 표면이 매끈한 물체 몇 개를 마련하여 상자 안에 넣는다. 그러고 나서 여러분은 눈을 감고 친구에게 상자 안에서 아무 물건이나 꺼내게 한다. 꺼낸 물건에 가운뎃손가락을 댄 뒤 절대로 손가락을 움직여서는 안 된다. 여러분은 과연 그 물건이 무엇인지 알 수 있을까? 되풀이해서 실험해 보자. 금속같이 유달리 차가운 것을 빼고는 거의 모든 물건의 느낌이 같을 것이다. 다시 한 번 이 실험을 해 본 뒤, 이번에는 물체의 표면에 손가락을 대고 서서히 움직여 보자. 여러분은 어느 지점에서 물체의 정체를 알아차렸는가?

촉각에 의해 이루어지는 공간 감각은 불안정하다. 촉각은 표면을 이리저리 만져 보아야만 한다. 촉각은 환경과 직접 접촉하는 형태이지만, 여러분의 감각이 환경과 얼마나 정교하게 조화를 이루느냐에 달려 있는 감각이기도 하다. 우리에게는 표면이 매끈해 보이는 물건일지라도 아주 작은 곤충에게는 거칠고 울퉁불퉁한 세계로 여겨질 수 있다.

공간을 이리저리 이동하기 위해 촉각에 많이 의존하는 동물들이 있다. 예를 들면 쥐와 고양이는 사냥을 하거나 이곳저곳으로 이동할 때 수염과 앞으로 튀어나와 있는 털에 의지한다. 쥐와 고양이는 어둠 속에서도 별 어려움 없이 제 할 일을 하며, 설령 눈이 안 보인다 해도 능숙하게 주위를 돌아다닐 수 있다. 두더지들은 눈이 거의 보이지 않지만, 복잡한 굴이나 통로를 잘 찾아다닌다.

벌들은 모양과 차원에 대한 감각을 갖고 있는 듯하다. 알을 낳기 전에 여왕벌은 배의 촉모로 벌집의 방 크기를 가늠한다. 방이 작으면, 여왕벌은 알을 수정하여 그 안에 넣는다. 이 알에서 일벌이 나와 벌집을 돌보고, 꿀을 모으고, 새끼 벌들을 기른다. 만약 방이 크다면, 여왕벌은 알을 수정하지 않고 다만 그 안에 알을 넣기만 한다. 그 알은 수벌이 된다. 생식력 있는 수벌의 주된 역할은 아주 특별히 길러진 번식력 있는 암벌과 짝을 지어 새 여왕벌을 만드는 일이다.

촉각을 이용해서 방향을 잡는 동물 가운데 가장 인상적인 동물은 저빌[+]이다. 저빌은 밤에 활동하는데, 놀라운 속도로 엄청난 거리를 뛰어오를 수 있다. 바닥이 울퉁불퉁하거나 땅이 들쭉날쭉하면, 저빌은 자칫하면 어둠 속에서 추락할 수도 있다. 그러나 저빌은 뛰는 동안에 자신의 몸길이만큼이나 긴 두 개의 털을 아래쪽으로 한껏 쭉 뻗는다. 저빌이 뛰어다니는 동안에도 이 털들은 언제나 바닥에 닿아 있어서, 구멍이나 돌 또는 다른 장애물이 있는지 없는지를 알려 준다. 위험을 느끼면 저빌은 공중에서 진행 방향을 바꾼다.

저빌이나 벌 또는 두더지 같은 동물들이 어떻게 이런 식으로 살아갈 수 있는지를 이해하려면, 그들이 공간 이동과 같은 삶의 주요소를 구성하는 데 무엇을 이용하는지 연구해야 한다. 동물들이 움직이고 행동하는 방법뿐만 아니라 환경에서 선택하는 감각과 단

저빌_
구멍에 살며, 긴 뒷발로 도약하는 쥐류의 총칭. 아시아, 아프리카, 러시아 남부에 분포해 있다.

서를 연구함으로써 우리와는 많이 다른 움벨트를 상상하고 이해
할 수 있게 된다. 동물들이 경험하는 세계를 이해하기 위해 그들
이 어떤 감각에 의존하는지 먼저 헤아려 보자. 그러고 나서 그들
이 얻는 정보로 세계를 인식하고 조직하는 일이 어떠한 느낌일지
생각해 보자. 아울러 자신의 상상 속에서 한번 실험을 해 보자.
예컨대 테니스 공을 바라보면서 자신이 그 표면을 기어 다닐 정
도로 아주 작아졌다고 상상해 보라. 여러분이 공을 뚫고서 그 안
으로 떨어졌다고 생각해 보라. 이제 다시 여러분은 공에서 빠져
나와 점점 커져 드디어 공이 보이지 않는 상태로 되었다. 다른 물
체, 즉 여러분이 먹고 있는 사과나 바람에 날아온 씨앗이나 들판
에서 사냥을 하고 있는 고양이가 되어 보자. 신세계를 상상해 보
는 이런 훈련은 엄밀히 말해 비과학적이다. 그러나 최소한 여러
분이 낯선 세계와 만나고 뜻밖의 결과를 받아들이기 위한 준비
방법이 될 수 있다. 그러한 방법들은 동물들의 삶에 대한 진지하
고 주의 깊은 연구를 알게 하여 마음의 문을 열게 도와준다. 동물
들의 움벨트를 알아내려고 할 때 이따금 전혀 예상치 못한 세계
가 열리기도 하므로, 우리는 그러한 세계에서 배울 수 있도록 미
리 무장을 해 두어야 한다.

상상을 초월하는 감각

방울뱀은 먹이가 있는 곳을 어떻게 찾아낼까? 이것은 생물학자

들이 꽤 오랫동안 골치를 앓았던 문제이다. 뱀은 앞을 볼 수 없어도 먹이를 찾아내 잡는 데 전혀 문제가 없다. 코가 막힌다 해도 마찬가지이다. 시각도 후각도 촉각도 청각도 먹이를 찾는 데 기여하지 못하는 것이다. 우리가 알고 있는 모든 감각들을 이용하지 않으므로, 한동안 방울뱀은 우리가 이해하지 못하는 신비한 능력을 지닌 동물로 여겨졌다. 이러한 생각은 정확하게 판단하는 데 도움이 되지 않지만, 진실과 동떨어진 생각은 아니었다. 방울뱀에겐 제3의 눈이 있기 때문이다.

방울뱀의 주둥이 위쪽에는 구멍 두 개가 있다. 그것들은 아주 미세한 온도 변화에도 매우 민감하다. 물론 우리도 온도를 감지한다. 그러나 우리가 피부 1제곱센티미터당 열을 감지하는 세 개의 온점을 갖고 있는 반면, 방울뱀에게는 눈 바로 아래 있는 움푹 파인 기관에 15만 개가 넘는 온점이 있다. 그 기관으로 방울뱀은 섭씨 1도를 몇십 등분한 정도의 미세한 차이까지도 구별할 수 있다고 한다. 그래서 박쥐가 소리로 먹이를 찾아내듯이 방울뱀도 물체의 위치를 알아내는 것이다. 나뭇잎으로 위장을 하고, 전혀 움직이지 않고, 냄새를 내뿜거나 소리를 내지 않는다고 해도 도마뱀은 조금도 안전하지 않다. 방울뱀은 다른 동물의 몸에서 나오는 온도 변화를 감지할 수 있기 때문이다.

공간이 온도 차이로 한정되는 움벨트를 상상해 보자. 우리 세계에서 지각되는 많은 차

방울뱀은 온도의 변화를 감지해서 '본다.'

이들이 그 환경에서도 다르지 않을 것이다. 한편 우리가 같다고 지각하는 물체가 완전히 달라질 수도 있다. 우리는 따뜻한 방에서 온도 차이를 잘 알아채지 못한다. 그러나 방울뱀에게 그 방은 변화로 가득 차 있다. 그런데 방울뱀이라도 온도가 같은 물체는 구분하지 못한다. 사람들이 가득한 방의 온도 지도를 그려 보자. 모양, 형태, 냄새가 아니라 단지 온도의 차이만을 그려 보는 것이다. 그러면 같은 온도라 생각했던 물체의 온도 차이를 구별할 수 있게 된다. 이러한 방식으로 우리는 이미 알고 있는 익숙함을 초월하여 동물들의 경험 세계를 더 잘 이해할 수 있다.

눈 이용하기

사람을 비롯한 많은 동물들은 주로 시각을 이용해 방향을 잡는다. 그러나 시각 기관은 다양하며, 이 기관들이 뇌에 전달하는 정보를 조직하는 방법 또한 다양하다. 단 하나의 시각 공간은 존재하지 않는다. 그것은 여러분이 보는 방법, 여러분의 신체 크기, 그리고 여러분이 무엇을 보고 있느냐에 따라 달라진다. 조나단 스위프트의 『걸리버 여행기』를 보면 무엇보다도 이 사실을 잘 알 수 있다. 걸리버가 거인국의 한 농부와 저녁을 들고 있다.

저녁 식사 중간에 여주인이 가장 좋아하는 고양이가 그녀의 무릎 위로 뛰어 올라갔다. 바로 내 뒤에서 열두 명의 직공들이 양말이라도 짜고 있는 듯 요란한 소리가 들렸다. 고개를 돌려 보니, 황소보다 세 배는 더 커다랗게 보이는 고양이가 그르렁거리고 있었다. (……) 그 녀석의 표정이 어찌나 사나워 보이던지 나는 무척 불안했다. (……) 그러나 위험한 일은 일어나지 않았다. 고양이가 나를 전혀 눈치 채지 못했기 때문인 듯했다. (……)

저녁 식사가 거의 끝나 갈 무렵, 유모가 한 살배기 아기를 안고 들어왔다. 아기는 단박에 나를 알아보고 떼를 쓰기 시작했다. (……) 나를 갖고 놀겠다는 것이었다. (……) 유모는 아기를 달래려고 딸랑이를 흔들어 댔다. 그것은 텅 빈 그릇에 커다란 돌멩이를 가득 채워 아기의 허리춤에 끈으로 묶어 놓은 장난감이었다. 그러나 소용이 없었다. 그래서 유모는 최후의 수단으로 아기에게 젖을 물려야 했다. 고백하건대 내 평생 그녀의 흉물스런 젖가슴만큼 역겨운 것을 본 적이 없었다. 그것과 비교할 만한 대상이 마땅치 않아서 호기심 많은 독자들에게 그 크기나 모양, 색깔 따위가 어떤지는 정확히 들려줄 수가 없다. 젖가슴은 180센티미터 높이에 둘레는 적어도 480센티미터는 되어 보였다. 젖꼭지는 내 머리 크기의 반이나 되었는데, 점과 뾰루지와 주근깨 투성이인 데다 색깔마저 요란스러워서 더할 나위 없이 역겨워 보였다. (……) 이 광경을 보니 우리 눈에 그토록 아름다워 보이는 영국 여인의 투명한 피부가 떠올랐다. 우리는 서로 체격이 비슷해서 굳이 돋보기로 보지 않는 한, 아주 보드랍고 하얀 피부가 까칠까칠하고 거무튀튀해 보이지는 않을 터이니.

소인국에 있던 때가 생각났다. 그 소인들의 피부색은 내가 보기에 세상에서 가장 투명해 보였다. 그곳에서 알게 된 가장 친했던 친구와 피부색에 대해 이야기를 나눈 적이 있다. 그 친구는 내 얼굴을 바로 앞에서 들여다볼 때보다 아래서 올려다볼 때 한층 더 밝고 매끄러워

보인다고 말했다. 그는 나를 처음 보았을 때 까무러칠 뻔했다고 털어
놓았다. 내 피부에 커다란 구멍들이 나 있는 데다 수염이 수퇘지의 거
센 털보다 열 배는 더 억세 보였다는 것이다. 게다가 안색은 불쾌할
정도로 울긋불긋했다고 한다. 좀 쑥스러운 얘기지만 사실 내 피부는
우리나라 어느 남성 못지않게 꽤 화사했고, 여행을 많이 했는데도 햇
볕에 거의 타지 않았다. 한편 황실 숙녀들과 이야기를 나눠 보면, 그
들은 누가 주근깨가 많고, 누구는 입이 너무 크며, 또 누구는 코가 엄
청나게 크다고 말하곤 했다. 그러나 나는 그 어느 것도 전혀 구별할
수 없었다.

우리는 눈을 통해 우리를 둘러싼 공간에 관한 엄청난 정보를
받아들인다. 그러나 우리의 눈은 정교한 기계가 아니다. 대부분
의 작업은 눈으로 받아들인 정보가 무엇을 뜻하는지 해석하는 뇌
에 의해 이루어진다. 한번은 사람들에게 모든 것이 뒤틀려 보이
는 안경을 쓰게 한 뒤 실험을 해 보았다. 그 안경은 사물이 거꾸로
보이거나 흔들려 보이게 했다. 그런데 아주 놀랍게도 시간이 얼
마쯤 흐른 뒤에는 모두들 잘 적응해서 자연스럽게 사물을 보기
시작했다. 그러다가 안경을 벗자 오히려 처음 안경을 썼을 때처
럼 모든 것이 뒤틀려 보였다! 그들이 모든 사물을 다시 제대로 볼
수 있게 적응하는 데에는 꽤 오랜 시간이 걸렸다.
　빛은 우리 눈의 수정체를 통과할 때, 카메라의 필름처럼 작용
하는 안구 안의 망막에 닿는다. 망막은 각각 분리된 많은 세포로
구성되어 있다. 그래서 각각의 세포는 우리가 보고 있는 '상'의 각

부분을 기록하여, 연결된 신경 세포를 통해 각각 분리된 상들을 뇌로 보낸다. 그러면 뇌에서 완전한 하나의 상으로 결합되는 것이다. 사물을 바라볼 때 우리의 눈은 끊임없이 움직인다. 여러분은 팔 길이 정도 떨어진 곳에 있는 엄지손톱만 한 점도 언제든지 명확하게 볼 수 있다. 왜냐하면 망막의 아주 작은 부분에도 우리가 명확하게 상을 볼 수 있을 만큼 충분한 세포가 있기 때문이다. 그러나 상이 흐릿하게 보이기도 하는데, 이것은 그곳의 망막 세포가 밀집해 있지 않기 때문이다.

우리의 눈은 거의 자동적으로 온 시야에 걸쳐 수백 개의 분리된 명확한 상들을 수집한다. 그러면 뇌가 그것들을 계속해서 결합시킨다. 우리가 받아들인 것은 전체의 일부분인, 끊임없이 변화하는 상이다. 이것은 까막잡기 놀이에서 누구인지 알아내는 데 영향을 주는 단서들과 별로 다르지 않다. 여러분이 어떤 물체를 지나치게 오래 보고 있으면, 그 물체의 상은 실제로 사라진다. 이것은 망막의 신경점이 빨리 피로해지기 때문이다. 상을 기록할 수 있으려면 망막에 너무 오랫동안 빛이 집중되어서는 안 된다. 다행스럽게도, 망막은 아주 빠르게 회복된다는 점에서 카메라의 필름과는 다르다.

외부 세계에서 상을 받아들이는 망막 세포의 수는 동물마다 다르다. 여러 동물들의 안구에 있는 시각 세포의 밀도를 측정해 보면, 사자는 우리만큼 주변을 명확하게 보는

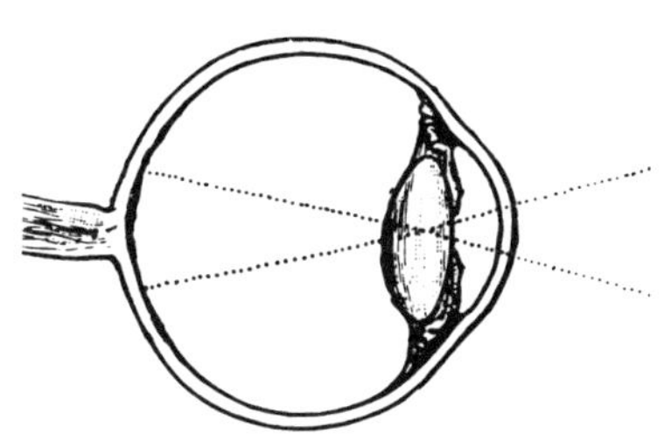

우리 눈은 카메라 같은 역할을 한다.

듯하다. 그런데 파리는 우리가 시야 끝으로 볼 때 사물이 흐릿하게 보이는 것처럼 볼 수 있다. 반면에 매나 물수리는 아주 정확하게 자신의 세계를 본다. 그래서 매가 보는 것과 똑같이 보려면 우리의 시각 공간을 8배나 확대해 주는 쌍안경으로 보아야만 한다.

우리 집 개 샌디가 바닷가에 서 있는 모습을 상상해 보자. 샌디는 다양한 동물들의 움벨트 속에서 서로 다르게 보일 것이다. 위의 그림을 보면 샌디가 파리, 사람 그리고 물수리에게 각각 어떻게 보이는지를 알 수 있다.

지금까지 서술했던 눈들과는 아주 다른 원리로 활동하는 눈이 있다. 일관된 상을 보려면 우리는 눈을 연방 움직이면서 유심히 살펴보아야만 한다. 반면 개구리의 눈은 움직이지 않는다. 개구리의 눈은 텅 빈 스크린과 같아서 무언가가 지나가지 않는다면 눈에 의해 기록되는 상이 전혀 없게 된다. 개구리의 눈은 물체가 자기를 향해 움직일 때만 그 물체를 기록한다. 곤충이나 새가 떠나간다면 아무것도 볼 수가 없는 것이다. 밤중에 연못의 개구리에게 살금살금 다가가서 갑자기 손전등을 비추면 개구리는 그 자리에 꽁꽁 얼어붙은 것처럼 눈도 깜짝 안 할 것이다. 사실 개구리는 아무것도 보지 못하기 때문이다. 손전등 앞에 여러분의 손가락을 대고 개구리 쪽으로 움직여 보자. 그러면 개구리는 재빨리 달아날 것이다. 개구리의 눈은 슈퍼마켓 문을 자동으로 여닫게 하거나 특정 지점을 지나가는 사람이나 차의 수를 세는 데 이용되는 광전지와 같은 작용을 한다. 사실 광전지는 개구리의 눈을 모델로 하여 만들어진 것이다.

지평선에서

어느 동물이든지 정확하게 사물을 보는 데에 한계가 있는 것처럼, 얼마나 멀리 볼 수 있는가에도 한계가 있다. 동물이 가장 멀리 볼 수 있는 정도를 지평선이라고 한다.

지평선의 위치는 명확하게 정해지지 않는다. 그 위치는 우리가 어느 곳에 서 있느냐, 우리의 기분이 어떠하냐에 따라 다른데, 무엇보다도 그 위치는 우리 감각의 한계와 관련이 있다. 한편 우리가 최대한 볼 수 있는 가장 먼 거리인 지평선은 우리가 사는 세계를 제한한다. 사람들 눈에 보이는 지평선은 일시적인 한계에 불과하다. 왜냐하면 전 지구는 우리가 여행을 하고 경험할 수 있도록 열려 있기 때문이다. 우리는 위치를 바꿀 수 있고 새로이 지평선을 그릴 수도 있다. 그렇다면 개미나 나방이나 개는 어떠할까? 그들의 지평선은 어떤 것이며 그것을 어떻게 알게 되었을까? 동물의 행동을 눈여겨보고 그들의 감각을 연구해 봄으로써 얻을 수 있는 몇 가지 단서가 있다. 예컨대 파리는 단순히 빛 주위를 도는 게 아니라, 빛으로부터 약 50센티미터쯤 떨어져 날게 될 때마다 느닷없이 날기를 중단한다. 바로 그 지점에서 파리는 빛이 안 보이기라도 하는 듯 다시 되돌아가서 그 반경 안에 머무는 것이다.

가장 먼 지평선이 시각을 이용하는 모든 동물들의 경험의 한계를 설정한다. 야곱 폰 웩스쿨은 그 상황을 아름답게 묘사했다.

우리 주변에 있는 딱정벌레, 나비, 파리, 모기 또는 잠자리 같은 모든 동물들을 상상해 보라. 그들도 시각 공간을 설정하고 그들이 보는 모든 것을 담고 있는 비눗방울에 둘러싸여 있다. (……) 날갯짓하는 새, 이 나뭇가지에서 저 나뭇가지로 폴짝폴짝 뛰어다니는 다람쥐 또는 초원에서 풀을 뜯고 있는 소 떼. 이들은 모두 그들만의 시각 공간을 설정하는 비눗방울에 영원히 둘러싸여 있는 것이다.

이 사실을 분명히 이해할 때만이 우리 또한 우리들 각자를 둘러싸고 있는 비눗방울을 인식하게 될 것이다. (……) 주체와 동떨어진 공간은 존재하지 않는다.

집과 영역

두더지는 이리저리 연결되어 있는 땅굴 속에서 산다. 낮에 사냥하는 동안, 두더지는 이 미로를 여러 번 왕복하며, 아무리 작은 동물이라도 굴로 들어오거나 굴 근처에 오면 재빨리 달려든다. 또 두더지는 거의 앞을 못 보지만, 굴 안의 굽은 길과 돌아가는 모퉁이를 훤히 꿰뚫고 있어 굴에서 5~6센티미터 떨어진 땅 위의 먹이 냄새도 잘 맡는다. 두더지는 그물 같은 굴의 중간쯤에 마른 잎을 채워 넣어 집을 짓는다. 그곳이 바로 먹이를 끌어오고, 새끼를 낳고, 잠을 자는 곳이다.

복잡하게 뒤얽힌 굴속 전체가 두더지의 영역이다. 그래서 두더지는 자기 영역 근처에 접근하는 다른 두더지와 싸운다. 두더지는 어느 굴에서나 먹이를 찾는 데 익숙하고, 그 굴이 무너지기라도 하면 완전히 다시 짓는다.

어떤 흙이든 냄새가 나며 촉감이 있지만, 우리에게는 비슷해 보인다. 그러나 두더지에게 영역의 각 부분은 특정한 밀도를 가지며, 그곳에서 활동하거나 살아온 모든 동물의 냄새가 나고 고

유한 특성을 갖는다. 두더지가 자신의 영역을 어떻게 알아내는지 이해하기 위해, 바닷가에 가면 모래를 한 줌 가져와 보자. 그리고는 20배율 또는 40배율의 돋보기로 모래알을 살펴보자. 똑같은 모래알이 있는가? 또 색깔은 어떠한가? 모양은? 밀도는? 모래알들이 더 커졌다고 상상해 보자. 두더지 굴 주위의 흙이 두더지에게 아주 다양하고 여러 부분으로 나뉘어 보이는 것처럼 한 줌의

위 그림은 네 가지 동물, 즉 두더지, 여우, 지빠귀, 올빼미의 집이다. 여러분은 그 집들을 찾을 수 있는가? 자기 영역을 탐색하기 위해 각 동물이 둥지에서 나온다고 생각해 보자. 그들은 서로 만날 수 있을까?

모래도 마찬가지이다.

　눈이 나쁜 두더지도 굴속의 이곳저곳을 식별할 수 있다. 그뿐만 아니라 연결된 굴 전체가 무너지면, 이전의 것과 매우 비슷한 굴을 다시 짓기도 한다. 이 모든 일은 두더지가 후각과 촉각 그리고 청각을 사용하여 공간에서 자신의 위치를 파악하고, 집으로 가는 길을 찾고, 시각적 단서 없이도 공간 내의 다른 지점을 잘 알아낼 수 있음을 의미한다.

많은 동물들이 스스로 집을 짓거나 살 만한 곳을 찾아내고, 같은 종에 속하는 이웃 동물들의 침범을 막기 위해 영역을 정해 지킨다. 그러나 모든 동물들이 집과 영역 둘 다를 갖고 있는 건 아니다. 거미에게 거미줄은 집이자 영역이다. 벌에게 벌집은 집이지만, 꽃가루를 모으는 들판은 다른 지역의 벌들에게도 출입이 자유로운 곳이다. 벌에게는 집이 있고, 먹이를 구하는 영역이 아닌 구역이 있는 것이다. 먹이를 찾거나 알을 낳을 장소를 찾아서 윙윙거리며 날아다니는 집파리는 집도 영역도 모두 없어 보인다.

집과 영역은 동물이 만드는 것으로 자연 상태에서는 원래 발견되지 않는다. 그곳들은 야곱 폰 웩스쿨이 움벨트의 문제라고 말하는 것으로, 즉 주체가 되는 동물이 사냥하는 방법, 자기의 감각으로 환경을 조직하는 방법과 관계되는 동물 활동의 산물이다. 북미 갈색 곰들은 자기 세력권 경계에 있는 큰 소나무를 찾아서 영역 표시를 한다. 최대한 높이 서서 등과 코를 나무껍질에 비벼 댄다. 이것은 다른 곰들에게 접근하지 말라는 표시이다. 이러한 표시는 아마도 곰에게만 중요한 자연 환경 내의 감각적 단서가 될 것이다. 그러한 단서들은 뱀이나 개미 또는 매의 세계에서는 의미를 갖지 않는다.

숲에 주의를 기울여 보면, 서로 다른 많은 영역의 지도를 그릴 수 있을 것이다. 두더지의 영토보다 크지 않은 작은 땅조차도 다양한 동물들의 영역을 포함하고 있다. 동물들에게는 저마다 자기들이 사는 공간을 나누는 독특한 방법이 있다. 그리고 각각의 지도는 그 땅의 주민에 의해 그려진 방어선과 공격선을 나타내는 정치적 지도와 같다.

때때로 영역은 꽤 복잡하다. 예를 들면 매에게는 둥지와 사냥터 사이에 중립 지역이 있다. 매들은 이 안전 지대 안에서는 먹이를 공격하지 않는다. 그래서 많은 작은 새들이 이 중립 지역에다 둥지를 튼다. 매가 중립 지역을 두는 이유는, 둥지를 떠나 막 나는 연습을 하는 자기 새끼를 실수로 공격하는 일이 없도록 하기 위해서라고 생각된다.

매를 포함하는 초원은 오소리, 미국너구리, 붉은가슴울새, 여우, 얼룩다람쥐, 올빼미, 두더지, 도마뱀, 두꺼비, 거북 등을 또한 포함하고 있을 것이다. 그들에게는 저마다 영역이 있다. 그러나 한 동물의 영역은 대개 종이 다른 동물들의 세계에서는 의미를 갖지 못한다.

우리가 도시와 국가의 경계선을 중요하게 여기듯 동물들도 그들의 영역을 중요하게 여긴다. 가시고기는 몸길이가 8센티미터쯤 되는 수컷이 집을 짓는다. 집이 완성되면 이상한 변화가 일어난다. 수컷이 빛을 내기 시작하는 것이다. 흐린 흑녹색에서 빨간색, 청록색 그리고 선녹색으로 색깔이 변한다. 이런 상태에서 수컷은 암컷을 찾아 나서는 한편, 다른 수컷들로부터 보금자리 주변의 영역을 지킨다. 다른 수컷이 다가오면 얼른 쫓아가서 난폭하게 공격한다. 그러다가 영역 경계선에 이르면 누그러진다. 영역을 놓고 죽을 정도로 싸우는 데는 관심이 없는 것이다. 사실 경계선에서 수컷들은 둘 다 쫓아가기를 포기하고 머리를 모래에 들이밀고 입질을 한다. 그러한 행동은 서로 경계선을 인정하고 화해하려는 것처럼 보인다.

영역 안에서, 특히 보금자리나 주요 사냥터 근처에서 난폭하게 행동하고 경계선에서 분노를 누그러뜨리는 것은 물고기만의 특징이 아니다. 샐리 캐리거는 동물 생활의 재미있는 모습을 가득 담은 자신의 책 『야생의 유산』에서 긴팔원숭이 가족이 영역을 방어하기 위해 어떻게 순찰하고 다니는지 묘사하고 있다.

긴팔원숭이 가족은 매일 142,000제곱미터에 이르는 영역을 순찰하며, 나무 열매, 잎 그리고 자라나는 여린 싹 등 그들을 유혹하는 것이 그 무엇이었든 멈추어 섰다. 그것은 그들의 습관이었다. 그러면서 그들은 이웃 긴팔원숭이들이 불법 침입하지 않았나 살피곤 했다.

위에서 킥킥거리는 소리가 나자 아빠 긴팔원숭이는 (……) 황급히 주위를 살펴보았다. 아니나 다를까, 마침 열매가 한창 탐스럽게 익어가고 있던 무화과나무 위로 이웃 가족들이 올라가고 있었다. 아빠 긴팔원숭이는 훌쩍 뛰어오르며 날카로운 소리로 항의했다. 불법 침입한 긴팔원숭이들이 잠시 멈추어 섰다. 아빠 긴팔원숭이는 아래쪽 굵은 무화과나무 가지에 꼿꼿이 서서 당장이라도 공격할 듯이 소리 지르며 그들에게 물러나라고 경고했다. 여섯 마리나 되는 침입자 가족은 맞받아 소리쳤다. 그들의 소리가 아빠 긴팔원숭이의 소리를 압도했다. 아들 긴팔원숭이들이 아빠 긴팔원숭이의 외침을 듣고 합류하자,

침입자 긴팔원숭이들은 마지못해 나무 아래로 내려왔다. 아빠 긴팔원숭이와 아들 긴팔원숭이들도 내려와 땅 경계선까지 침입자들을 쫓아갔다.

일단 자신들의 영역 안으로 들어서자, 여섯 마리의 침입자 긴팔원숭이들은 제자리에 서서 욕설을 퍼부었다. 맞받아치는 아빠 긴팔원숭이의 목소리가 다소 누그러졌고 더 이상 화를 내지는 않았지만 아직 용서하는 음색은 아니었다. 아빠 긴팔원숭이가 이겼다. 그래도 머지않아 아빠 긴팔원숭이는 이웃 긴팔원숭이들과 친근한 말을 주고받으며 지내게 될 것이다. 긴팔원숭이는 금세 화를 풀기 때문이다.

개도 똑같이 행동한다. 한번은 거리에서 샌디가 다른 수캐들에게 둘러싸여 있었다. 독일산 셰퍼드, 래브라도 레트리버, 여러 마리의 푸들과 잡종 개들이었다. 모든 수캐들은 자기들의 영역을 표시한다. 낯선 수캐가 이웃에 오면 세력권을 놓고 수차례 싸움을 벌인다. 처음에 우리는 래브라도 레트리버를 쫓아가는 샌디를 보았다. 두 마리가 서로 으르렁거리며 송곳니를 드러내고 상대의 목을 공격했다. 이것을 보고 우리는 잔뜩 겁을 먹었다. 싸움은 꽤 심각했지만 그리 잔인하지는 않았다. 한순간 래브라도 레트리버는 등을 돌리며 샌디에게 목을 드러냈다. 샌디는 항복의 신호를 받아들이고 그 자리를 떠났다. 샌디는 자기 영역 안에서는 거의 모든 싸움에서 이기는데, 다른 개의 세력권 안에서는 진다. 가시고기, 샌디 그리고 우리 대다수도 자기 집을 지켜야 할 때 가장 거칠어지고, 집에서 멀어질수록 자신 없이 싸운다는 점에서는 비슷하다.

영역 지도를 그려 보는 일은 꽤 흥미롭다. 길에 난 작은 흔적도 꼼꼼히 조사해 보자. 새와 다람쥐와 거미는 어느 곳에 집을 짓는가? 그들은 하루에 얼마나 멀리 이동할까? 종이 같은 동물들의 보금자리는 서로 얼마나 멀리 떨어져 있을까?

도시에서도 개와 고양이를 관찰하면서 동물의 영역을 연구할 수 있다. 개가 가장 거칠어지는 곳은 어디일까? 개가 침입자를 그냥 내버려 두는 경계선은 어디일까? 개는 어느 곳에 영역 표시를 할까? 모든 개가 같은 세력권을 갖는 것일까? 그리고 개가 휴식을 취하고 있을 때 누군가 다가오면 이빨을 드러내며 으르렁거리는 특정 장소가 있을까?

고양이, 쥐, 말벌, 물론 사람에게까지 이런 질문을 할 수 있다. 집과 영역에 대한 연구는 움벨트의 중요성, 즉 동물이 자신의 환경에 부여하는 중요성을 이해하기에 아주 좋은 구체적인 방법이다.

체계를 세워 인간의 특정 영역을 관찰하면서 며칠 또는 몇 주 동안 그 공간 안에서 발생하는 일은 무엇이든지 도표를 그리며 적어 보는 것도 흥미로울 것이다. 선택할 만한 장소는 아주 많다. 운동장, 버스 정류장, 주차장, 길모퉁이, 수영장, 바닷가, 그리고 물론 개인 주택과 아파트도 있다. 사람들이 하루에도 여러 차례 자주 드나들 수 있는 장소를 선택해야 한다. 가령 집의 경우 한 사람이 독점적으로 쓰는 곳은 침대, 침실, 안락의자, 부엌의 조리기 중 어디인가? 다 같이 쓰는 것은 무엇일까? 부엌이나 거실 탁자,

텔레비전일까? 그리고 연달아 쓰는 곳은 어디일까? 욕실일까? 가족 일부에게만 허용되는 장소는 어디인가? 손님들의 출입이 제한되는 곳은 어디인가? 현관 복도처럼 단지 특정한 장소들로 가는 단순한 통로일 뿐인 곳은 어디인가? 사람이나 애완동물이 다른 누군가의 영역을 침범했을 때 어떤 일이 벌어질까?

그러나 대개 친근한 동물들의 영역을 연구하기란 그리 쉬운 일이 아니다. 파울 레이하우젠은 동물행동학 연구의 하나로 고양이 가족을 관찰했다. 그는 한때 공동 연구자와 함께 농장에서 기르는 세 마리 고양이들의 관계를 밤낮으로 기록하였다. 그는 다음과 같이 말하고 있다.

그것은 불가능한 일이었다. 밤낮으로 고양이 한 마리를 쫓아다니며 움직임과 행동 등 모든 것을 완전히 기록하려면 적어도 잘 훈련받은 건강하고 끈기 있는 관찰자 세 사람이 필요하다. 게다가 우리가 그때 쓸 수 있었던 것보다 훨씬 더 많은 장비도 있어야 한다. 우리는 신중하게 매우 비탈진 개간지에 자리 잡은 외진 농장을 선택했다. 그곳에서는 고양이 두 마리를 키우고 있었다. 그리고 다른 고양이 한 마리가 540미터쯤 떨어진 농장에서 살았다. 필요한 장면을 놓치지 않고 그림으로 나타내면서 고양이들 중 한 마리에게서 충분한 자료를 모으긴 했다. 그러나 이것조차 완벽한 것은 아니었다.

공간 이해의 중요성

동물의 생활을 연구하는 몇 가지 방법이 있다. 한 가지 방법은 실험실에 동물을 고립시킨 채 실험하는 것이다. 그때 관찰자는 단지 동물이 어떻게 반응하는지만을 지켜보고 기록해야 한다. 대체로 행동주의[+]라고 불리는 이 접근법은 자극에 대해 동물이 어떤 반응을 보이는지를 중요하게 여긴다. 동물이 생각한다거나 어떻게 경험을 조직하는가는 직접적인 관심사가 아니다. 행동주의자들은 대개 동물을 자연 환경 밖으로 끌어내어 실험실에 가두어 놓는다. 그들은 동물의 생활 리듬, 사회 세계, 또는 공간이나 시간 감각에는 관심이 없다. 동물은 그저 실험 상태에 놓여지는 것이다. 그러고는 미로 속 달리기, 전기 충격 피하기 또는 먹이를 얻기 위해 지렛대 밟기를 배울 것이다. 어떤 경우든 연구되는 것은 실험 상태에서의 동물의 행동이다. 비둘기를 연구하든 개나 쥐를 연구하든 전혀 차이가 없다. 행동주의자들에게 중요한 것은 경험과 일상으로부터 완전히 고립된 동물이 보이는 반응이다.

이와는 달리 동물행동학이라고 불리는, 보다 주의 깊은 동물 연구 접근법이 있다. 동물행동학은 동물이 세계를 경험하고 환경을 조직하는 방법과 긴밀한 관계가 있다. 또한 이 연구법은 동물의 전반적인 경험과 관련시켜서 행동을 파악한다. 동물행동학자들은 다른 동물이 머릿속으로 무슨 생각을 하는지 들여다볼 수는 없으며, 동물들이 경험하는 세계를 똑같이 경험할 수 없음을 인정한다. 그러나 우리가 다른 형태의 경험을 인지하는 방식을 세

행동주의_
행동은 자연현상처럼 자연의 법칙을 따르므로, 겉으로 명백히 드러나는 행동만이 연구 대상이 된다는 학설.

우는 데 도움이 되는 단서들이 있다. 우리는 동물들의 감각에 의해, 그리고 이 감각으로 동물이 환경 속에서 사물을 인지하는 범위에 의해 이 단서들을 찾을 수 있다. 또 단서는 동물이 자연 환경 안에서 어떻게 행동하는지에 대한 관찰과, 가끔 통제된 장치로 자연 상태를 재현해 보려는 연구실 실험에서 얻어지기도 한다.

동물행동학자들은 행동을 경험으로부터 분리해 내지 않는다. 오히려 그들은 다른 동물의 삶에 관한 통합적인 관점을 전개시키기 위해 행동을 이용한다. 예컨대 감각을 연구할 때, 그들은 단지 감각이 어떻게 작용하는지, 또 어떻게 나타나는지에만 관심을 두지 않는다. 그들은 감각에 관한 즉각적인 자료를 모으는 수준을 넘어서, 그 자료들이 어떻게 조직되어 동물이 감각을 통합해 행동할 수 있는지를 이해하고자 한다. 예를 들면 독수리가 풀밭에서 어떤 형체를 보았다고 하자. 독수리는 회색 형체의 이미지만 알아보는 것이 아니라 그것이 쥐라는 사실도 안다. 그리고 하늘 위를 빙빙 돌다가 정확히 쥐를 덮친다. 하지만 무턱대고 덤벼들지는 않는다. 감각에 의해 얻어진 정보는 총체적인 방법으로 조직되며 이 방법들이 경험의 세계, 즉 움벨트를 만드는 것이다.

움벨트의 주요한 측면은 동물이 자신의 몸을 인식하는 방법, 환경 내의 다른 것들과 관련하여 자신의 위치를 알아내는 방법, 움직이는 방법 그리고 움직일 수 있는 범위, 즉 공간이 구성되는 방법을 들 수 있다. 동물의 움벨트 공간은 모두에게 관찰될 수 있는 객관적인 실재가 아니다. 흔히 눈으로 볼 수 있는 영역 표지판

이 있는 것도 아니고, 지평선이 실제로 있는 것도 아니다. 세계는 독수리나 사람이나 쥐에게 보이는 것, 그 어느 하나가 아니다. 두 더지가 느끼는 공간도 방울뱀의 제3의 눈으로 느껴지는 공간만큼 이나 현실적이다. 모든 동물이 저마다의 공간을 구성하고 있는 동시에, 공간은 동물의 경험을 둘러싸는 틀이 된다. 그것이 바로 움벨트의 특징으로, 모든 동물이 공통적으로 경험하는 요소가 아 니라는 것이다.

그러면 현실적인 공간, 물리적인 공간이란 무엇일까? 동물들에 의해 만들어지는 모든 다양한 공간 세계와 함께하는 절대적인 공 간은 없는 것일까? 답은 없다이며, 물리학에서조차 그런 공간은 존재하지 않는다. 특수상대성이론에 따르면, 절대적 공간 같은 것 은 없다. 크기와 거리를 말하기 위해 우리는 야드[+], 미터, 로드[+] 같은 측량 단위를 만들어 내거나, 우리 몸의 측면, 위치가 정해진 별의 방향처럼 판단의 기준으로 삼을 만한 것을 찾아내야 한다. 그때 우리는 이러한 단위나 기준점들과 관련시켜 공간에 대해 말 할 수 있게 된다. 그러나 이것들은 독자적이거나 절대적인 방법으 로 결정될 수는 없다. 그것들은 우리들이 크고 작은, 위와 아래, 가깝고 먼 같은 공간 개념들을 쓸 수 있게 하는 출발점이 된다.

19세기에 살았던 유명한 수학자인 앙리 푸앵카레[+]는 사람들이 측정의 상대성을 이해하는 것을 돕기 위해 상상의 운동을 고안해 냈다. 어느 날 밤 여러분이 잠든 사이, 우주의 모든 것들이 전보 다 1천 배 더 커졌다고 상상해 보자. 이러한 변화에는 이 세계의

야드_
약 0.9144미터의 길이.

로드_
약 5.03미터의 길이.

앙리 푸앵카레_
1854~1912, 프랑스의 천재 적인 수학자로 광학, 전기학, 전신, 모세관 현상, 탄성, 열역 학, 전위이론, 양자이론, 상대 성이론, 우주진화론 등 다양한 분야에서 많은 공헌을 했다.

전자, 행성, 모든 생물, 여러분의 몸, 그리고 자를 비롯한 모든 측
량 도구가 포함되어 있다. 여러분이 깨어났을 때 어떤 것이 변했
는지 알아볼 수 있을까? 변화가 일어난 것을 증명하기 위해 실험
을 해야 할까?

푸앵카레에 따르면 그런 실험은 필요 없다. 사실 '커진다'는 말
은 다른 어떤 것과 비교해서 더 커진다는 의미이므로, 우주가 커
졌다고 말하는 것은 무의미할 것이다. 우주 전체를 놓고 말할 때
는 비교할 무언가가 없기 때문이다.

물리학에서 공간은 사람들이 만든 측량 단위를 이용해 정의된
다. 동물 세계에서의 공간 역시 상대적이다. 그것은 동물들이 사
물을 인식하고 그 경험을 조직하는 방법에 달려 있다. 이 책의 다
음 장에서 알게 되겠지만 움벨트 안의 공간은, 상대성이론에서
말하는 '심리적으로 동등한 시간'인 것이다.

3

시간과 변화

시간과 변화

시계를 보자. 문자반을 도는 초침의 움직임을 따라가기는 쉽다. 이제 분침으로 시선을 돌려 보자. 분침이 돌아가는 모습을 알아차리기는 여간 힘든 게 아니다. 그러나 끈질기게 열심히 바라보면 분침의 움직임을 볼 수 있다. 마찬가지로 시침의 움직임에도 주목해 보자. 시침의 움직임을 알아보기는 훨씬 더 어렵다. 시곗바늘이 두 개가 더 있는 시계를 상상해 보자. 한 바늘은 문자반을 백 년에 한 바퀴 돌고, 다른 바늘은 100분의 1초에 한 번씩 돈다. 백 년 바늘은 너무 느리게 움직여서 아무도 그 움직임을 알아차리지 못한다. 게다가 바늘이 백 년에 한 바퀴 도는 것을 볼 수 있을 만큼 오래 사는 사람도 거의 없을 것이다. 100분의 1초침 또한 눈에 무리를 준다. 시계를 한 바퀴 도는 100분의 1초침의 속도가 너무 빨라서 우리는 대부분 흐릿한 상태만 지각할 수 있다. 이처럼 우리가 보기에 너무 느리게 변화하는 것들이 있고, 지나치게 빨리 변화하는 것들이 있다.

꽃이나 나무가 자라는 속도, 벌새의 날갯짓, 하늘을 빙빙 돌고 있는 매, 우리 몸을 구성하고 있는 전자, 최고 속도로 내달리는 말의 발, 병아리 배아의 성장, 빛, 민달팽이를 생각해 보자. 어떤 것들은 커 가는 모습을 지각할 수 있다. 그러나 너무 빠르거나 너무 느리게 자라서, 그 변화를 알아내려면 우리의 상상력을 총동원해야 하는 것들도 있다. 변화를 인식하면서 시간의 흐름을 느끼는 감각도 강해진다. 우리에게 감각이 없다면 변화를 경험할 수 없고, 우리 자신도 결코 변화하지 않으며, 이 세상에 시간 개념도 존재하지 않을 것이다. 그래서 신 또는 생명과 우주의 근원에 대해서 글을 쓰려는 사람들은 신, 생명, 우주의 근원은 시간을 초월하여 존재하는 것으로서 변하지 않는다고 생각했다.

삶의 리듬

모든 생물은 변화를 경험하며, 스스로 변화의 주체가 되기도 한다. 고대 그리스의 자연과학자 갈렌은 밤에는 잎을 내리고 낮에는 잎을 들어 올리는 콩의 활동을 날마다 기록했다. 수세기 뒤에 많은 과학자들이 정원에서 키운 콩과 완전히 빛을 차단하고 일정한 온도에서 키운 콩을 비교했다. 그런데 양쪽 모두 잎의 위-아래 움직임은 동일한 것으로 관찰되었다.

식물학자 카를 폰 린네[+]는 하루 동안 일정한 시간마다 규칙적으로 꽃을 피웠다가 오그리는 수많은 꽃들을 관찰하여 꽃시계를 만들었다. 린네의 시계에 따라 꽃이 피었다 오그라들었다 하는 것을 관찰하다 보면, 30분 이내에 지금이 몇 시인지를 알 수 있다.

어쩌면 우리도 하루 동안 우리 몸에서 일어나는 생물학적 현상들에 기초해서 린네의 꽃시계와 같은 시계를 만들 수 있을 것이다. 그 시계는 린네의 시계처럼 규칙적이지 않을 수도 있다. 그래도 우리는 배가 고프면 장이 움직일 뿐 아니라, 날마다 예측 가능할 만큼 규칙적으로 생리 현상이 일어난다는 사실에 놀랄지도 모른다. 에너지가 불끈 치솟는 걸 느낄 때와 아주 기진맥진할 때가 있는가? 어떤 일을 하고 있든 이제 그만두고 자러 가라고 우리 몸이 신호를 보낼 때는 언제인가? 매일 아침 언제쯤 잠에서 깨어나는가? 며칠 동안 밤낮으로 두 시간마다 체온을 재어서 기록해 보자. 그리고는 어떤 규칙적인 형태가 나타나는지, 온도를 측정할 때 일어나는 활동과 체온 사이에 특별히 두드러진 관계는 없는지 알아보자. 자명종을 맞추어 놓고 며칠 동안 두 시간마다 잠을 깨는 일이 신체 리듬에 영향을 끼칠 수도 있다는 사실을 잊지 않도록 주의한다.

개별적인 시간 측정에 앞서 거의 모든 생물에게는 공통적인 리듬이 있는 듯하다. 24시간 내내 모든 생물은 규칙적인 변화를 경험한다. 우리에게는 잠에서 깨어나는 시간과 잠을 자는 시간이 있다. 우리 몸은 하루 종일 일정한 온도 변화를 겪는다. 우리에게는 고유의 생물학적 리듬, 말하자면 모든 지구촌 가족이 공유하

낮 동안의 콩의 활동

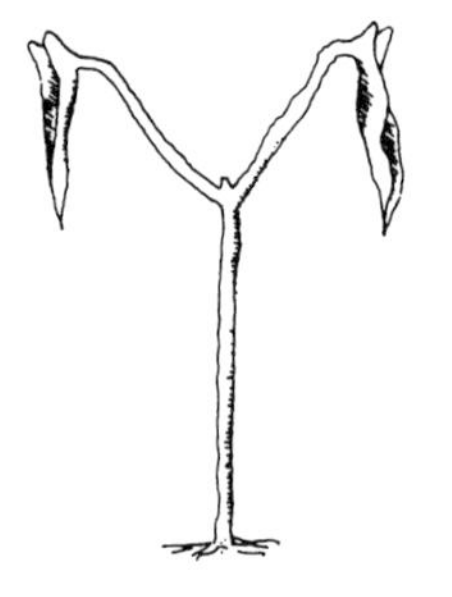

밤 동안의 콩의 활동

는 약 24시간 단위의 시계가 있다. 이 리듬을 약(circa) 하루(di+an)를 의미하는 24시간 주기(circadian)라고 한다.

하루의 길이를 결정하는 것이 무엇인지는 아직 알려지지 않았다. 어떤 과학자들은 모든 살아 있는 세포 속에 하루의 길이를 결정하게 하는 정보가 포함되어 있다고 믿는다. 또 어떤 과학자들은 지구와 태양과 달의 지구물리학적 특성과 활동에 의해 하루의 길이가 결정된다고 보며, 앞으로 발견해야 할 사실이라고 말한다. 다만 알려진 바는 우리의 생활 리듬이 대략 24시간 단위로 측정되며, 모든 생물의 생활 리듬 또한 24시간 단위로 측정된다는 점이다. 그러나 전반적으로 정해진 생활 리듬 안에도 특정한 변화가 지각되며, 출생에서 죽음에 이르기까지 그 흐름이 조직되는 방법 또한 아주 다양하다.

일주일은 7일일까? 아니면 4일일까?

세계 여러 지역에 사는 사람들은 살아가면서 경험하는 변화를 똑같은 방법으로 조직하지 않는다. 예컨대 우리는 7일을 일주일이라고 한다. 우리는 우리와 다른 주기로 일주일을 살아가는 사람들을 이상하거나 잘못되었거나 아니면 어딘가 부자연스럽다고 생각하기 쉽다. 우리가 경험을 조직하는 방식에 너무나 익숙해서 시간은 당연히 우리에게 주어진 것이라고 믿기 때문이다. 원래부터 일주일은 7일이었을까? 모든 사람들에게 일주일이 7일인 것은 아니다. 나이지리아의 아피크포 사람들에게 일주일은 4일이다. 그들의 일주일은 시장에서 물건을 사고 팔거나 농사짓는 일이 교대로 일어나는 주기와 일치하기 때문이다. 그들의 일주일은 다음과 같이 4일로 구성되어 있다. 에케는 인근 수 킬로미터에 사는 사람들이 중앙 시장에 가는 때로, 농사를 짓지 않는 날이다. 오리에는 농사를 짓는 날이고, 아허는 사람들이 소규모 지방 시장에 가는 때로, 또 다른 시장이 서는 날이다. 마지막으로 느쿼는 농사짓는 날이다.

7일인 일주일이 우리에게 당연한 것처럼 아피크포 사람들은 4일인 일주일(한 달은 7주가 된다.)을 당연하게 여긴다. 그렇다면 어떤 것이 진짜 일주일일까? 과연 진짜 일주일은 존재하는 것일까? 아니면 일주일은 원래부터 주어진 절대적인 것이라기보다 동물에 의해 만들어진 시간일까?

온갖 사람들이 살아가면서 갖가지 다른 변화를 지각하고 또 변화를 조직하기 위한 다양한 체계를 개발하고 있다. 그러나 사람들이 경험을 조직하는 방법과 나방, 개, 아메바, 고래, 제비, 집파리, 개구리 같은 동물들이 시간을 경험하고 조직하는 방법은 서로 비교할 수 없다.

동물들의 시간에 집중해 보자

우리가 동물 세계 속으로 들어갈 수 있도록 도와주는 상상의 실험이 있다. 우리는 현미경을 이용해서 맨눈으로는 지각할 수 없는 아주 작은 물체들을 볼 수 있다. 망원경으로 보면 크지만 아주 멀리 떨어져 있는 물체를 우리 세계 속으로 가져올 수도 있다. 시간 현미경과 시간 망원경을 상상해 보자. 우리는 시간 현미경으로 보통 때는 알아차릴 수 없는 변화를 볼 수 있다. 예를 들면 벌새의 날갯짓, 전속력으로 사슴을 쫓고 있는 치타의 뜀박질, 춤추는 벌의 움직임 들을 볼 수 있다. 때때로 명상이 그러하듯이 이 기구는 시간을 늘여 줄 것이다. 일생 동안의 경험을 매우 짧은 시간 안에 들여다보게 되는 것이다. 순간을 늘인다면 우리는 무슨 일이 일어났는지 알아차리지 못할 수도 있다. 아주 느리게 움직여서 조금도 움직이지 않는 것으로 여겨지기 때문이다. 시간 현미경의 초점을 램프의 전구에 맞추어 들여다보자. 우리 눈으로 보기에 램프는 고른 빛을 발산하고 있다. 그러나 전구에 초점을 맞춰 보면 밝기가 고르지 않음을 알게 된다. 너무 빨리 벌어지는 일이라서 평소에는 전혀 지각되지 않던 필라멘트의 불규칙한 깜빡거림이 보이기 때문이다. 시간 현미경을 통해 보면 전구는 스트로보 섬광[+]처럼 보인다. 그리고 방 안은 고정되어 있거나 부드럽게 지속적으로 움직이는 사람이나 물체로 구성되었다기보다 비틀리거나 뜀뛰며 움직이는 모양과 형태로 이루어진 것처럼 보인다. 사실 사람들인지 알아보기도 어려울 것이다. 그들이 독립

스트로보 섬광_
매우 짧고 반복적인 눈부신 섬광.

적으로 행동하는 동물로서가 아니라, 빛이 그들에게 어떤 작용을 했느냐에 따라서 해석되고 있기 때문이다.

시간 현미경의 초점을 한층 더 정교하게 맞추면, 사람과 물체의 세계는 모두 흩어져 보일지도 모른다. 우리는 중성자와 양자 그리고 전자의 움직임을 느끼는 상태가 될 것이다. 그렇게 끊임없이 움직이는 세계는 작은 입자들의 움직임과 텅 빈 공간만으로 이루어진 듯 보인다. 우리 시간의 매 초는 수백만 개의 지각할 수 있는 변화로 가득 차게 된다. 다시 말해 매 순간 평생의 경험이 주어지는 것이다.

이제 기구를 바꾸어 보자. 삼나무의 성장이나 별의 탄생과 소멸을 볼 수 있는 시간 망원경을 생각해 보라. 늘어난 시간을 눈으로 볼 수 있을 때, 별의 탄생과 소멸을 지각하는 사람에게는 인간의 삶이 나방의 하루살이와 비슷해 보일 것이다. 거의 틀림없이 한 개체의 삶은, 우주적인 시간인 100분의 1초가 되어 눈에 띄지도 않고 흘러가거나 망원경 렌즈에 묻은 한 점의 먼지처럼 보일 것이다.

어떤 것이 진짜 시간일까? 다양한 사람들과 생명체들이 경험하는 대로 시간을 이해하는 유일한 길은 현실의 시간 감각을 포기하는 것이다. 한 시간이 하루처럼 여겨지거나 하루가 너무 빠르게 흘러서 1분보다 짧게 느껴질 수도 있다. 시간에 대한 이러한 느낌들은 단지 마음속에서 심리적인 상태로만 머무는 것은 아니다. 사람들은 사실상 달력과 시계를 시간을 느끼는 방식으로써 받아들이고 있다. 우리가 무분별해지지 않고 서로 어울려 살아가기 위해서는 달력과 시계가 필요하다.

우리는 매일 잠을 잔다. 그러나 우리가 경험하는 순간들과 태양의 움직임에 따르다 보면, 어떤 날은 다른 날보다 더 오래 자기도 한다. 사람들은 세계가 안정적이고 규칙적이라고 믿도록 자신을 속여야만 한다. 그것이 바로 우리가 내일도 오늘 경험한 것과 같은 세계에서 깨어날 거라고 스스로 확신하는 방법이다. 그렇더라도 우리는 세계가 정말로 다르다고 느끼기도 한다. 우리가 개인적으로 경험하는 시간들은 도약과 시작으로 가득 차 있다. 우리의 시간은 긴 날들, 더 긴 날들 그리고 아주 즐겁고 너무 빠르게 지나가서 그런 날이 있었는지조차 믿을 수 없는 날들로 가득하다. 그러나 우리의 마음은 시간이 평온하기를 강요한다. 즉, 우리의 감각이 뭐라고 하든 모두의 시간은 같고, 시간은 일정하게 계속해서 흐른다고 믿게 만드는 일정 불변성을 강요하는 것이다. 때로는 상상력이 우리가 현실에 대해 알고 있는 가장 강력한 확신들을 깨뜨리기도 한다. 어느 날 아침 여러분이 잠에서 깨어나 벌레로 변한 자신을 발견했다면 어떤 일이 벌어질까?

벌레?

프란츠 카프카의 소설 『변신』은 그레고르 잠자가 잠에서 깨어나 거대한 벌레로 변한 자신을 발견하는 것으로 시작된다.

　그레고르 잠자는 어느 날 아침 뒤숭숭한 꿈에서 깨어났을 때 거대한 벌레로 변한 채 침대에 누워 있는 자신을 보았다. 그는 마치 강판처럼 딱딱한 등을 대고 누워 있었고, 머리를 조금 쳐들자 활 모양의 체절들로 이루어진 불룩 솟아오른 복부가 보였다. 그 위의 이불은 제자리를 지키지 못하고 당장이라도 흘러내릴 것만 같았다. 커다란 몸통에 비해 몹시 가느다란 다리들은 힘없이 흐느적거리고 있었다.

　'내게 무슨 일이 생긴 걸까?'

　결코 꿈은 아니었다. 다소 작기는 하지만 평범하기 그지없는 인간의 침실인 그의 방은 익숙한 사면 벽으로 조용히 둘러싸여 있었다. (……)

　그레고르는 당장 방해받지 않고 조용히 일어나 옷을 입고 무엇보다도 아침을 먹고자 했다. (……) 이불을 걷어차는 건 아주 간단했다. 배를 조금 부풀리기만 했는데 저절로 뚝 떨어졌던 것이다. 그러나 그다음 동작을 하기가 아주 힘들었다. 그가 몹시 넓적해졌기 때문이었다. 몸을 일으키려면 손과 발이 필요했지만 사방팔방으로 쉴 새 없이 흐느적거리고 마음대로 다스릴 수도 없는 수많은 작은 다리들만 있을 뿐이었다. 다리 하나를 구부리려고 하면 오히려 쭉 뻗치기만 했다. 마침내 원하던 대로 다리 하나를 구부리자 나머지 다리들이 몹시 고통스러운 듯이 마구 허우적거렸다.

　"한가하게 침대에 누워 있어 봤자 무슨 소용이야?"

　그레고르는 이렇게 중얼거리며, 하반신을 이용해 침대에서 빠져나오려 했다. 아직 보지도 못해서 명확한 형태도 모르는 하반신은 움직이기가 더욱 어려웠다. 동작은 더욱 느리게 이루어졌다. 마침내 화가 나서 난폭해진 그는 있는 힘껏 무모하게 쭉 몸을 밀어내다가 그만 아래쪽 침대 기둥에 세게 부딪치고 말았다. 욱신거리는 통증을 느끼며, 순간 그는 하반신이 어쩌면 가장 예민한 부분이 아닐까 생각했다.

그레고르 잠자의 딜레마는 일상의 공간과 시간 밖으로 우리를 끌어낸다. 그레고르는 보통 때처럼 행동하려고 애쓰지만 벌레가 된 몸뚱이와 감각은 방해만 된다. 그러나 그는 여전히 벌레가 된 사람이다. 우리와는 다르게 보고 느끼고 움직이는 동물들의 삶 안에 존재하는 시간에 좀 더 가까이 다가가려면, 우리는 사람의 사고에서 훨씬 더 멀리 벗어나야 한다. 밤과 낮을 잊고, 일주일과 일 년을 생각하지 않고, 또한 시침과 분침에 의존하지 않고 시간 을 생각해야 한다. 무엇보다도 시간은 규칙적으로 일정하게 흐른 다는 생각을 버려야 한다.

예컨대 바다 속 1.6킬로미터 아래 동굴에서 사는, 밤과 낮이 없 는 눈먼 물고기의 삶을 상상해 보자. 물고기의 시간은 사냥하기, 이동하기, 보금자리 꾸미기, 짝짓기 의식 따위와 물의 움직임에 따른 변화에 의해 결정된다. 우리의 시간 감각에서 중심이 되는 빛은 눈먼 물고기의 삶에서는 어떠한 역할도 하지 못한다.

하루밖에 못 사는 나방과 백 년 가까이 사는 거북도 생각해 보 자. 몇 달 동안 겨울잠을 자는 동물이나, 제수왕나비처럼 미국과 캐나다 동부에서 멕시코 시티 북쪽의 해발 2천7백 미터 높이의 산 까지 수천 킬로미터를 날아가서 여러 달 동안 먹지도 움직이지도 않고 죽은 듯이 겨울을 보내는 곤충이 느끼는 시간의 흐름을 상상 해 보자.

진드기 세계에서의 시간

진드기는 우리가 더욱 이해하기 어려운 방식으로 시간을 경험한다. 진드기는 대부분의 삶을 최면 상태로 기다리면서 시간을 보낸다. 그런 진드기의 가장 중요한 행동은 자살 행위라고 한다. 동물행동학의 창시자 가운데 한 사람인 야곱 폰 윅스쿨은 그의 책에서 진드기의 생활 주기를 이렇게 묘사했다.

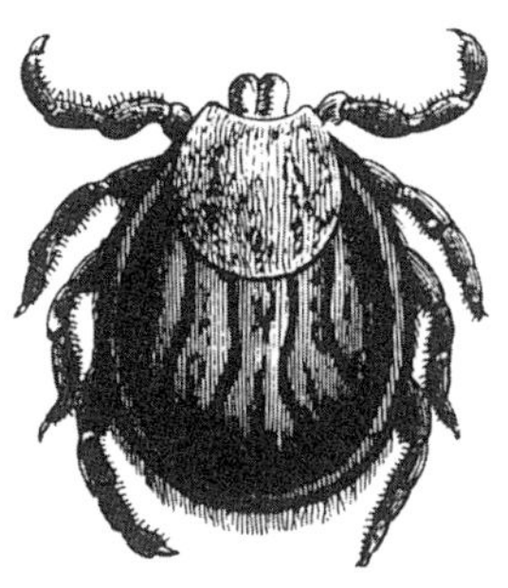

진드기

알에서 덜 자란 상태의 아주 작은 동물이 나왔다. 다리 한 쌍과 여섯 개의 기관이 아직 다 자라지 않은 것이다. 이런 상태에서도 진드기는 방울뱀 같은 냉혈동물을 공격할 수 있다. 풀잎 위에 앉아 있다가 냉혈동물의 몸에 잠복하는 것이다. 여러 번 탈피를 한 뒤, 진드기는 없던 기관을 만들고, 짝짓기를 하고, 온혈동물을 찾아 사냥을 떠난다.

짝짓기를 한 뒤, 암컷은 키 작은 관목을 타고 올라간다. 그리고는 작은 포유동물 위로 떨어지거나, 나무를 스쳐 가는 좀 더 큰 동물에게 휩쓸려 갈 만한 위치에 있는 나뭇가지를 찾아 매달려 있는다.

눈이 없는 진드기는 피부의 감광성[+]에 의해 관목 감시탑으로 향한다. 눈이 없고 귀가 안 들려도 길거리의 무법자 암컷 진드기는 가까이 다가오는 희생자를 후각으로 알아차린다. 모든 동물의 피부 샘에서 발산되는 부티르 산의 냄새가 진드기에게 감시탑으로부터 아래로 몸을 날리라고 신호를 보내는 것이다. 몸을 날려 따스한 것에 착륙하면, 암컷은 훌륭한 온도 감각으로 온기를 알아차린다. 이렇게 해서 암컷은 먹이인 온혈동물에게 다가간다. 이제 털이 없는 곳을 찾는 일만 남는다. 암컷은 털이 없는 곳을 깊이 파고 들어가 굴을 만들고 따뜻한 피를 배부르게 빨아 먹는다.

얇은 인공막에 피 이외의 액체를 넣고 실험해 보면, 진드기의 미각이 썩 좋지 않다는 사실이 증명된다. 일단 그 막에 구멍이 뚫리면, 암컷은 어떤 액체든지 온도만 적당하면 빨아 대기 때문이다.

부티르 산의 자극이 작용한 뒤 차가운 물체에 떨어지면, 암컷 진드기는 먹이를 놓치고 다시 감시탑으로 올라가야만 한다.

진드기가 배부르게 먹은 동물의 피는 진드기의 마지막 식사이다. 이제 암컷에게는 땅으로 떨어져 알을 낳고 죽는 일만 남아 있는 것이다.

중요한 것은 진드기가 나무 아래를 지나는 모든 동물 위로 떨어지지는 않는다는 점이다. 또 진드기는 빗방울이나 움직이는 풀 또는 떨어지는 나뭇가지에는 반응하지 않는다. 진드기에게는 한 쌍의 내부 기관이 있다. 바로 그 기관으로 포유동물의 특징인 독특한 냄새와 특정한 온도를 기다린다. 살아 있지 않은 듯해도 기다리고 있는 것이다. 이렇듯 진드기의 세계처럼 수동적이지만 묘하게 민감한 세계에서는 시간의 흐름이 어떠할지 상상하기란 매우 어렵다.

야곱 폰 웩스쿨은 진드기에게 좀 더 가까이 다가가 그 시간이 어떠할지 추측해 보려고 했다.

암컷 진드기가 개간한 숲에 있는 한 나무의 가지 끝에 꼼짝 않고 매달려 있다. 자세를 보아하니 지나가는 포유동물 위로 떨어질 태세였다. 포유동물이 지나갈 때까지는 환경 속의 어떠한 자극도 암컷에게 영향을 끼치지 못한다. 알을 낳기 전의 암컷에게는 포유동물의 따스

한 피가 필요하기 때문이다. (……)

　진드기가 앉아 있는 나뭇가지 아래로 운 좋게 포유동물이 지나가는 일은 매우 드물다. 하지만 숲에 잠복해 있는 수많은 진드기들은 이러한 상황에 충분히 대처하지 못한다. 때문에 자기가 있는 쪽으로 먹이가 다가올 가능성을 높이기 위해, 암컷은 오랫동안 먹지 않고도 살아갈 수 있어야만 한다. 로스토크의 동물연구소에는 18년 동안 굶주린 진드기가 아직도 살고 있다. 자그마치 18년을 기다리고 있는 것이다.

그것은 우리 인간으로서는 도저히 참아 낼 수 없는 세월이다. (……)

18년 동안 전혀 변하지 않는 세상을 견디는 능력은 가능성이라는 영역을 초월하는 것이다. 우리가 자는 동안 여러 시간을 차단당하는 것처럼, 암컷 진드기도 기다리는 동안 수면에 가까운 상태에 있는 것으로 추측된다. 진드기의 세계에서, 시간은 여러 시간 동안 멈춰 있다기보다 한 번에 수년 동안 정지해 있는 것이다. 부티르 산 징후가 암컷을 깨워 다시 활동하게 하고 나서야 시간은 다시 흐르기 시작한다.

진드기의 삶에서 시간의 흐름을 생각해 보자. 시간은 조용히 흘러가는 게 아니라, 광란의 활동과 거의 돌처럼 움직임이 없는 정지의 기간으로 조직되어 간다. 우리에게는 아무리 길어 보이는 시간이라도, 진드기에게는 나뭇가지에 자리를 잡고 다른 동물 위로 떨어지기까지의 시간은 단지 순간일 뿐이다. 그러나 동물의 몸에 떨어지자마자 진드기는 열기를 찾아서 주위를 서둘러 돌아다닌다. 그 단계에 이르러서야 비로소 진드기는 온갖 것들을 감지한다. 감각으로 인식하는 차이나 변화 때문에 진드기는 시간을 경험한다. 진드기의 시간은 불규칙하게 움직인다. 즉, 때로는 미친 듯이 움직이기도 하고, 때로는 거의 꿈쩍도 하지 않는 것이다. 진드기의 생활 주기는 사람의 경우처럼 출생에서 죽음까지 일정한 움직임을 보이지 않는다. 오히려 삶이 시작될 때와 막바지에 이르렀을 무렵에 가장 활발한 활동을 보여 준다. 그리고 그 중간은 변화 없는 느린 생활 양식을 나타낸다. 시간 현미경과 망원경의 이미지를 이용해서 인간과 비교해 본다면, 진드기가 삶의 시

작과 끝 부분은 현미경적 시간을 살고 그 중간의 삶은 망원경적
시간을 살고 있음을 알 수 있다.

삶의 순간

동물이 가장 빨리 지각하는 변화는 삶의 순간이라고 여겨진다.
순간보다 더 빨리 일어나는 일은 지각되지도 않기 때문이다.

이것을 더 잘 이해하기 위해 다음과 같은 실험을 해 보자. 핀이
나 이쑤시개로 손가락 끝을 가볍게 톡 두드려 보자. 자극이 느껴
질 것이다. 이번에는 재빨리 손가락 끝을 두 번 톡톡 쳐 본다. 아
마도 두 번의 자극이 모두 느껴질 것이다. 두드리는 속도를 점점
빨리 해 보자. 어느 순간부터 여러분은 몇 번이나 손가락 끝을 두
드렸는지 알 수 없게 된다. 처음부터 아주 빠르게 두드리기 시작
한다면, 순서대로 자극들을 느끼기보다 계속되는 하나의 자극만
을 느낄 것이다.

친구들에게 비슷한 실험을 해 보자. 먼저 친구들에게 눈을 감게
하고, 그의 손가락이나 뒷목을 두드린 뒤 몇 번이나 쳤는지 물어
보자. 아주 빠르게 두드리기 시작했다면, 친구들은 한 번의 자극
만을 느끼게 된다. 1초에 18번 이상 두드린다면 단지 하나의 압박
으로 느껴진다는 사실을 발견할 수 있을 것이다. 인간의 촉각은 1
초당 18번이 넘는 자극들은 개별적으로 지각하지 못한다고 한다.

우리의 다른 감각 또한 한계가 있다. 예를 들면 인간의 귀는 개

인에 따라서 1초에 15번에서 20번 사이의 진동을 구별할 수 있다. 1초당 진동수가 20번을 넘어서면 우리는 더 이상 개별적인 소리를 들을 수 없다. 1초에 25번쯤 드럼을 두드린다면 하나의 일정한 소리로 들릴 뿐 아주 빨리 치는 소리로는 들리지 않기 때문이다.

이와 마찬가지로 인간이 눈으로 볼 수 있는 것에도 한계가 있다. 각각의 이미지로 받아들일 수 있는 것은 1초에 18개에서 24개의 이미지가 전부이다. 그것보다 물체가 더 빨리 움직인다면 이미지는 흐릿해진다. 속도가 계속해서 빨라진다면, 화창한 날 우리 얼굴 옆으로 질주하는 검고 무거운 물체도 알아보기가 힘든 때가 온다.

이러한 우리 눈의 한계를 이용하는 것이 바로 영화 제작이다. 영화 필름은 움직이지 않는 사진들로 이루어져 있는데, 스크린 위에 영사되어서 우리에게 빨리 움직이는 개개의 사진들이 아닌 움직이는 모습으로 보이는 것이다. 영사 방식은 대략 1초의 24분의 1 간격으로 사진들이 우리 눈앞을 지나가게 한다. 사진들은 아주 조금씩 다르다고 해도, 우리 눈은 그 이미지들을 연결시킨다. 그래서 우리는 개별적인 사진들이 아닌 일정한 움직임을 보게 되는 것이다.

눈으로 보기에는 너무 빠른 움직임을 보기 위해서 필름을 이용할 수 있다. 카메라가 더 빨리 작동해서 우리가 알아차리지 못하는 변화들을 잡아내기 때문이다. 예컨대 벌새의 날갯짓을 포착하기 위해 카메라가 1초당 충분한 사진을 찍을 수 있다는 말이다. 그리고 나서 1초의 24분의 1 간격으로 사진들은 아주 천천히 영사

되는 것이다.

1초의 15분의 1과 24분의 1 사이의 간격에서 우리는 소리, 감촉, 시력이 가장 빨리 변하는 순간을 경험할 수 있다. 이 간격은 사람마다 감각 기관마다 조금씩 다르다. 그렇다 해도 우리가 세계에서 변화를 지각하는 방법에는 약간의 한계가 있다. 그러한 까닭으로 1초의 15분의 1과 24분의 1 사이의 어딘가가 인간이 경험하는 순간에 가장 가까운 것으로 여겨진다. 순간들은 대체로 동물들이 어떻게 시간의 흐름을 경험하는지 나타내는 표시이다. 순간들은 동물들 세계에서 무엇이 정상적인 삶의 속도인지를 정의한다.

달팽이의 삶의 순간

우리가 보기에 달팽이는 아주 느릿느릿 움직인다. 그러나 달팽이가 물체를 경험하는 방식을 이해하고 달팽이의 정상적인 삶의 속도를 통찰해 내려면, 우리는 달팽이의 감각에서 무엇이 한계이고 달팽이에게 순간은 어떠한지 알아야 한다.

달팽이에게 순간이란 무엇인지 알아내기 위해 할 수 있는 몇 가지 실험이 있다. 예를 들면 물 위를 떠다니는 고무공 위에 달팽이를 올려놓고 하는 실험이 있다. 달팽이가 공 위를 기어 다닐 수 있게 달팽이집을 받침대로 적절하게 고정시켜 놓는다. 달팽이는 한자리에 고정되어 있다 해도 공이 물 위를 움직이기 때문에 정상적으로 움직일 수 있다. 작은 막대기를 달팽이 옆에 놓으면 달팽이는 그 위로 올라갈 것이다. 그러나 막대기를 1초에 한 번에서 세 번 정도 툭툭 두드리면 달팽이는 막대기를 피해 움직인다. 1초에 네 번 이상 두드리면 달팽이는 막대기로 올라갈 것이다. 달팽이의 세계에서 1초에 네 번 이상 왔다 갔다 하는 막대기는 정지한 것이나 마찬가지이기 때문이다. 1초에 세 번 또는 네 번의 움직임은 달팽이의 감각이 지각하는 것으로 여겨진다. 즉, 1초의 4분의 1이 달팽이가 경험하는 순간에 가장 가깝다.

그래서 우리에게 움직임과 변화로 가득 차 보이는 많은 일이 달팽이에게는 전혀 변화가 없는 것처럼 보이게 된다. 그런 식으로 세계를 경험해 보자. 우리가 움직이고 있다고 여기는 풀은 가만히 있는 것이고, 전속력으로 달리는 자동차는 움직이는 세계에 속하지 않을지도 모른다. 손가락 끝이나 뒷목을 1초에 네 번 툭툭 치는 것은 일정한 압박으로 느껴질 것이다. 다행히도 달팽이는 자신의 속도로 살아간다. 달팽이가 지각할 수 없는 것은 먹이와 알을 낳을 장소를 찾는 일과 대부분 관계가 없다. 그러나 거기에도 한계는 있다. 달팽이는 자기를 향해 다가오는 새의 움직임을 지각하지 못한다. 즉, 새의 날개가 일으키는 진동을 느끼지 못하며, 위험을 느끼지도 못한 채 새의 부리 속으로 들어가고 만다. 우리의 감각은 우리를 보호할 수도 있고 무방비 상태에 놓이게도 한다. 가령 병을 일으키고 환경을 해치고 나서야만 지각되는 모든 오염 물질을 생각해 보라.

흔들리는 거미줄

많은 동물들이 우리가 보기에는 움직이지도 않고 변하지도 않는 것들을 지각한다. 비투스 B. 드뢰셔는 그의 책 『감각의 신비』에서 거미가 어떻게 진동을 지각하는지 설명하고 있다. 그는 다음과 같이 거미에 대해 말한다.

거미줄은 다양한 메시지를 주고받는 통신선 역할을 한다. 모든 정주성 거미들은 촉각의 세계에서 산다. 시각은 거의 발달되지 않아서 살아가는 데 별다른 역할을 하지 않는다. 불투명한 덮개가 여덟 개의 눈을 덮고 있지만, 거미들은 짝을 짓고, 먹이를 찾고, 적을 피해 도망가기도 하면서 꼭 눈이 보이는 것처럼 살아간다. 그런데 거미는 거미줄에 떨어진 것이 먹이인지 아니면 적인지 어떻게 알아낼까? 그리고 구애자가 다가오는지 아니면 어린 거미가 도망가려고 애쓰는지 어떻게 알아내는 것일까?

이 문제들을 조사해 온 에를랑겐 대학의 에르빈 트레첼 박사가 연구한 내용이 『감각의 신비』에 소개되어 있다.

수컷 왕거미는 스스로 선택한 신부를 '불러낸다.' 수거미는 암거미의 거미줄에 실을 한 가닥 붙이고 특정한 리듬에 맞춰 그 실을 잡아당긴다. 그러면 암거미는 실줄을 흔들기 위해 빨리 이동하여 그 실줄에 매달린다. 암거미가 어떻게 반응하며 어떤 진동을 보내느냐에 따라, 수거미는 신부에게 잡아먹힐 위험이 큰지 아니면 위험을 무릅쓰고 짝짓기를 해야 할지를 알게 된다. (……) 어미 거미는 일정한 경고 신호

를 보낸다. (……) 어미 거미가 새끼 거미를 부를 때에는 거미줄을 살짝 부드럽게 흔들지만, 경고를 할 때에는 뒷다리를 재빨리 움직여 거미줄을 짧고 격렬하게 흔든다. 먹이를 공습하려는 어미를 따라가고 싶어 하는 새끼에게 어미는 이러한 경고를 보내 안전한 곳에 숨게 한다. 어미 거미가 잠시 멈추어 한쪽 뒷다리를 움직이면 어미의 신호를 보고 새끼가 즉시 몸을 돌려 급히 뒤로 물러나는 모습은 흥미롭다. 잡힌 먹이가 심하게 버둥거리면 새끼 거미는 뒤로 물러나야 한다.

이렇게 살아가는 데 아주 중요한 진동을 지각하려면, 거미는 서로 다른 각각의 진동을 순간적으로 느껴야 한다. 거미의 감각이 달팽이의 감각과 같다면 거미줄은 아마 정지한 듯 보일 것이다. 하지만 달팽이 세계에서의 순간을 거미의 세계에서 보면 변화와 진동으로 가득 차 있다.

다른 동물들보다 거미의 세계에 다가가기는 더욱 쉽다. 전혀 손상되지 않은 거미줄을 찾아보자. 그리고 차분히 거미줄을 살펴보면서, 자기 집에 숨어 있는 거미를 찾을 때까지 구석이나 나뭇가지를 꼼꼼히 둘러본다. 파리나 다른 곤충이 거미줄에 걸렸을 때, 거미가 행동하기를 기다려서 무슨 일이 일어나는지 관찰해 보자. 거미는 어떻게 자리를 잡고 방향을 찾는가? 거미는 어떻게 거미줄의 진동을 느끼는가? 거미가 냄새를 맡거나 눈을 통해 먹이를 찾는 것일까? 아니면 모든 정보가 거미줄에서 나오는 것일까?

운이 좋아 거미가 짜 놓은 작은 알집을 발견했다면, 매일 아침저녁으로 10분씩 관찰해 보자. 아무런 일이 일어날 것 같지 않아도 포기하지 말고 오랜 시간 동안 동물을 관찰하는 훈련을 해 보자. 동물 세계는 우리 세계와는 다른 양상으로 펼쳐진다. 어떤 세계는 너무 느리고 어떤 세계는 너무 빨라서 우리를 비켜 간다. 그러나 오랜 시간 관찰하다 보면 그 차이를 포착할 수 있다. 그리고 온갖 다른 형태의 삶, 아름다운 삶을 느낄 수가 있다.

동물들 간의 순간과 의사소통

의사소통은 시간을 두고 이루어진다. 우리가 말하면 상대방은 듣고 반응한다. 너무 빠르게 말하면 소리와 단어들을 구별할 수 없을뿐더러 서로 무슨 말을 하는지 이해할 수도 없다. 너무 천천히 말할 때도 이해할 수 없기는 마찬가지이다. 33rpm‡인 레코드를 78rpm 위에, 그리고 78rpm인 레코드를 33rpm 위에 놓아 보자. 이 실험은 소리가 언어로 식별될 수 있는 속도에 대해서 생각해 보게 한다.

사람은 약 15에서 1만 5천 헤르츠‡의 범위에 이르는 소리를 구별할 수 있다. 돌고래는 4백에서 20만 헤르츠 사이의 소리 차이를 식별할 수 있다고 한다. 상당히 복잡한 돌고래의 언어는 우리가 듣기에 너무 빨라서 각각의 소리들을 구별할 수 없다. 돌고래는 목소리도 아주 높다. 비록 우리가 돌고래 간의 의사소통을 잘 이해할 수 없다고 해도, 녹음 테이프를 이용해서 기록한 돌고래의 대화를 느리게 돌려 보면 각각의 소리를 들을 수 있다.

모든 의사소통이 소리를 통해서만 이루어지는 것은 아니다. 벌은 촉각, 후각 그리고 춤을 통해 대화한다. 또 더듬이를 울려서 서로를 식별한다. 게다가 모든 벌에게는 몸을 구부릴 때 독특한 냄새를 내뿜는 나소노프 선이라고 불리는 기관이 있다. 벌집마다, 또 꽃의 종류에 따라 벌들이 내뿜는 냄새가 모두 다르다. 벌은 다른 벌들에게 내뿜는 냄새를 달리해서 어떤 곳이 자기 집인지, 어떤 꽃을 찾아갈 것인지 알려 줄 수 있다. 아주 정확하게 냄

rpm_
1분당 회전수.

헤르츠_
1초당 주파수 또는 진동수.

새를 맡을 수 있고 즉시 유용한 정보로 바꿀 수 있다고 상상해 보자. 그것은 여러분이 몸에서 발산되는 냄새를 조절할 수 있고, 냄새를 이용해 가족이 누구인지 그리고 슈퍼마켓에서 어떤 음식을 찾아서 사야 하는지 알려 주는 것과 같다.

모든 형태의 의사소통에서 시간, 즉 순간은 매우 중요한 의미를 갖는다. 이렇게 다양하게 구별되는 소리나 냄새, 몸짓이나 진동에 의한 작은 자극들에 의존해서 의사소통이 이루어진다. 계속되는 자극을 제때 제때 구별할 수 있는 능력이 없다면, 어떠한 의사소통도 이루어질 수 없다.

작은 변화를 지각해서 정보를 얻는 능력은 벌의 춤을 통해 가장 인상적으로 묘사된다. 꽃밭을 발견하면 벌은 집으로 돌아가서 춤을 추기 시작한다. 그 춤은 벌집 안에서 떠는 동작으로 시작된다. 벌은 자기가 발견한 꽃의 종류가 무엇인지를 나타내는 냄새를 내뿜는다. 그러고는 8자 모양을 그리며 비행을 시작하는데, 배 끝을 들어 올려 좌우로 흔든다. 벌들의 언어를 처음으로 밝혀낸 동물행동학자 카를 폰 프리슈는 이 춤을 꼬리춤이라고 불렀다. 다음 그림에서 8자 모양의 중앙선은 다른 벌들에게 그때의 태양의 방향과 비교해서 꽃의 방향을 알려 준다. 춤의 속도는 얼마나 많은 꽃들이 있고 꿀이 얼마나 맛있는지를 나타낸다.

우리 눈에는 제멋대로 윙윙거리는 듯이 보이는 복잡한 춤을 춘 뒤, 전달자 벌은 집 밖으로 날아가 꼬리춤을 추기 시작한다. 이 춤은 꽃들이 있는 특정 방향과 집에서 그곳까지의 거리를 알려 준

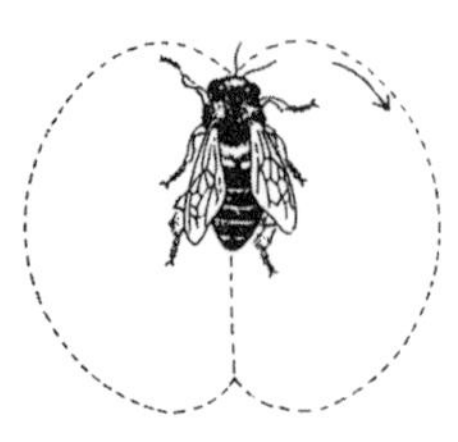

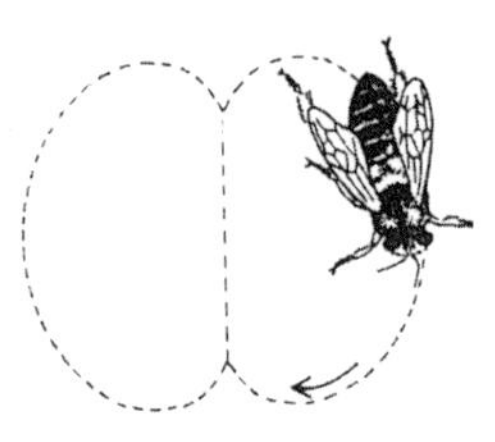

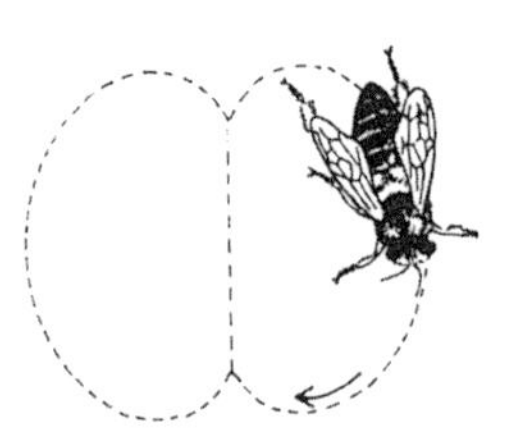

꿀벌의 꼬리춤

다. 이 춤은 몇 센티미터까지 정확하게 알려 준다. 한번은 설탕물 접시를 발견한 벌이 그 위치를 벌집 식구들에게 알리러 갔다. 카를 폰 프리슈는 그 접시를 처음 있던 장소에서 30센티미터쯤 옮겨 놓았다. 그런데도 벌들은 곧장 설탕물을 처음 발견한 곳으로 날아왔다. 벌들의 정보 전달은 정말로 정확했다.

벌의 춤 공연은 겨우 30초 동안 이어진다. 30초 안에 몸짓, 흉내 그리고 춤으로 모든 정보를 전달하는 것이 어떠할지 생각해 보자. 우리에게 쉴 새 없어 보이는 벌의 몸짓과 더듬이의 움직임은 사실 끊어졌다 이어졌다 하는데, 크고 작은 몸짓, 일시적 휴식과 강조 사항으로 구성된다.

시각적 순간과 언어를 가장 가까이 느낄 수 있으려면 수화를 관찰해 보면 된다. 수화에는 얼굴 표정, 손동작, 몸의 자세가 포함된다. 이 언어는 우리가 입말로 거의 표현할 수 없는 생각과 개념으로 가득 차 있고, 눈으로 민첩하게 그것들을 파악할 것을 요구한다. 예를 들면 '작은'이란 표시는 엄지손가락과 집게손가락을 펴서 벌리고 나머지 손가락들은 주먹에 가깝게 쥐고 표현한다. 엄지손가락과 집게손가락 끝을 4센티미터쯤 벌리면 그 의미는 어떤 것이 작지만 아주 작지는 않다는 표시이다. 손가락 끝을 좀 더 가까이 모아 가면, 작다는 개념은 점차 자그마한, 미세한, 극소한과 같은 크기를 나타내는 의미로 바뀐다. 아울러 보잘것없는, 사소한, 이기적인 그리고 인색한 따위의 심리적 개념을 나타내는 말이 되기도 한다. 이러한 방식으로 말로 표현하기에는 거의 불가능한 '크기의 연속적인 변화'를 나타낼 수 있다. 그뿐만 아니라 손을 아주 빨리 움직여서 말로는 불가능한 속도로 상대방의 생각을 읽을 수 있다. 더구나 양손을 움직여서 두 가지 생각을 동시에 표현할 수도 있다. 듣지 못하는 개체들이 움벨트 속에서 느끼는 순간을 연구하는 일은 매우 흥미롭다. 이들은 우리보다 더 정교하게 시간을 나눌 수 있으며, 더 뛰어나고 민감하게 변화를 지각할 수도 있음이 드러날 것이다.

시간의 창조

모든 동물이 세계에서 일어나는 일에 같은 방식으로 반응하지는 않는다. 감각은 다르게 형성되므로 사물의 다른 측면을 선택한다. 어떤 새들은 아주 미세한 진동도 지각할 수 있는 흥미로우면서도 이해하기 어려운 능력을 갖고 있다. 예컨대 울새는 바람에 흔들리는 나무에서 잠을 잘 수 있다고 한다. 이 새들은 진동을 전혀 지각하지 못하는 것처럼 행동한다. 그러나 자기들을 잡으려고 나무를 타는 담비가 일으키는 미세하고 규칙적인 진동은 금세 지각하고 잠에서 깨어나 날아가 버린다. 인간의 감각으로는 도저히 알아차릴 수 없는 매우 빠른 변화나 지나치게 느린 변화를 지각하는 그런 동물에게는 시간도 매우 복잡하다.

가장 정교한 과학 기구로도 감지할 수 없는 변화를 동물들이 어떻게 지각하는가에 대한 좋은 보기가 있다. 중국의 과학자들은 많은 농부들이 지진이 일어나는 것을 예측할 수 있음을 알게 되었다. 어떻게 그것을 알 수 있는지 묻자, 농부들은 사람들이 땅의 진동을 느끼기 며칠 전부터 새와 말이 이상하게 행동한다고 말했다. 과학자들은 의심할 것도 없이 이 동물들이 가장 최신의 기구로도 감지할 수 없는 지구의 움직임을 지각한다고 결론 내렸다.

벌 또한 너무 미세해서 사람들의 관심을 끌지 못하는 진동을 지각한다. 집에서 나온 벌은 꽃이 있는 곳으로 가는 길을 찾아야만 한다. 그러나 바람이 계속 불어 와 벌의 진로를 방해하기도 한다. 우리에게는 바람 한 점 없는 날이 벌에게는 사나운 바람이 휘몰아치는 날일 수도 있다. 벌의 감각은 공기의 미세한 움직임도 알아차릴 수 있어야 한다. 우리에게 움직임으로 지각되지 않는 것도 벌의 세계에서는 조직되어 있어야 한다. 만약 움직임을 지각하지 못한다면 벌은 절대로 집에 돌아갈 수 없을 것이다. 벌의 눈에는 약 2천5백 개의 털이 있어서 바람을 따로따로 구분해 낸다. 그 털들은 벌의 시야를 가리지 않고 어떤 바람에든지 힘 있게 반응하기 위해 잘 정렬되어 있다. 비행 방향을 조종하며 집으로 돌아가기 위해, 벌은 어떻게 해서든 바람 속의 미세한 변화들에 대한 정보를 받아들여 조직할 수 있어야 한다.

자연과학자들과 생물학자들이 아직 답을 찾지 못한 질문은 벌들이 정보를 어떻게 이용하는가이다. 우리는 벌들이 얼마나 정교하게 경험을 나누고, 너무 미세해서 우리가 지각하지 못하는 경

힘들이 벌의 세계에서 얼마나 많이 존재할 수 있는지 이해할 수 있다. 그러나 의지, 선택, 감각, 통합의 문제와 벌의 전체적인 경험이 어떠한지에 대한 문제는 여전히 연구되어야 하며 현재는 답변조차 할 수 없는 실정이다.

벌이 순간적으로 느끼는 작은 변화들에 비교도 안 될 만큼 훨씬 미세한 변화들을 지각하는 동물도 있다. 남아프리카의 나이프피시라는 물고기는 1초 동안 1600가지의 전기 충격들을 방출하거나 구별할 수 있다고 한다.

나이프피시와 달팽이에게서 볼 수 있듯이 시간은 온갖 방식으로 경험된다. 그러나 의문은 계속된다. 이 모든 것들 중에 진짜 시간은 어떤 것일까? 시간은 정말로 어떻게 흐를까? 과거로부터 현재를 지나 미래에 이르는 동안 아무리 다양한 생물들이 존재하고 시간을 조직한다고 해도, 시간에는 어떤 불변성이 있지 않을까? 이에 대한 답은, 시간은 경험되고 조직되는 대로 존재한다는 것이다. 즉, 절대적인 시간이란 없고 단지 생명력을 지닌 시간만이 있다. 모든 동물은 자기 나름의 고유한 시간을 창조하며, 임의의 순간과 그 순간에 일어난 행동이 어떤 관련이 있는가를 이해하려는 노력이 우리가 할 수 있는 최선의 일이다.

4

기질, 기분 그리고 반응

기질, 기분 그리고 반응

친구들과 함께 다음과 같은 실험을 해 보자. 노란색, 파란색, 보라색, 초록색, 빨간색과 같이 진하거나 흐릿한 색으로 카드 한 벌을 만들어 보자. 덧붙여 검정 카드와 흰 카드도 준비하자. 매직 펜이나 크레용을 사용하여 만들어도 된다. 페인트 가게에서 공짜로 구할 수 있는 페인트 샘플 카드로 만들 수도 있다.

카드를 마구 뒤섞은 뒤 색이 있는 쪽이 위로 오게 탁자에 놓는다. 그리고 나서 여러분이 가장 좋아하는 색부터 별로 좋아하지 않는 색까지 차례대로 나열해 보자. 여러분이 정한 순서를 적어 보자. 다른 사람들에게도 같은 실험을 해 보자. 모든 사람들이 같은 순서로 나열했는가? 그렇지 않다면 도대체 왜 이런 차이가 생기는 걸까?

사람들이 좋아하는 색은 매우 다양하다. 그뿐만 아니라 좋아하는 색이 날마다 바뀌기도 한다. 여러분이 행복하다고 느끼는 날과 우울하거나, 화나거나, 피로하거나, 실망한 날에 색 카드의 순서를 정해 보자. 기분에 따라 좋아하는 색이 달라진다. 이러한 기분은 우리의 언어에도 반영된다. 기막힌 일을 당하면 세상은 샛노래지고 막막한 상황에 부딪치면 새까매진다. 사랑에 빠지면 온 세상이 장밋빛으로 변하지만 우울해지면 잿빛으로 바뀐다. 이렇게 우리의 기분은 색깔로 표현할 수 있다.

기분은 우리가 사물을 경험하고 그에 반응하는 방식을 결정한다. 아프거나 무섭거나 초조할 때면 일상이 온통 위협적으로 보일 것이다. 그림자와 소리에서도 공격이 일어날 조짐을 느끼게 된다. 심지어 흘낏 보는 것이 시비를 거는 것처럼 여겨질 수도 있다. 똑같은 음식이라도 배가 고플 때는 먹음직스러워 보여 식욕을 돋우지만, 배가 부를 때는 먹고 싶지 않으며 입맛이 당기지도 않는다.

사람의 기분은 어떤 경험이 중요한지를 결정한다. 사랑에 빠진 사람은 음식에 별 관심이 없다. 친구끼리는 장점에 더욱 관심을 보이는 반면, 적끼리는 상대방의 약점만 찾으려고 한다. 화가 난 사람은 친절을 못 보고 지나칠 수 있다. 그리고 외로운 사람은 누군가 말을 걸 낌새라도 보이면 아주 민감하게 반응하기도 한다.

집 찾기

사람만이 감정의 동물은 아니다. 사이가 좋은 개들은 서로 만나면 꼬리를 살래살래 흔들며 반가워한다. 그러나 적끼리는 송곳니를 드러내고 으르렁거린다. 기분 좋은 고양이는 가르랑거리지만, 화난 험악한 고양이는 한껏 등을 구부리고 씩씩거린다. 다른 동물의 삶에서 이러한 기분이 어떤 역할을 하는지 이해하려면, 그 동물이 어떤 방식으로 세계를 경험하는지 이해해야 한다. 집게를 예로 들어 보자. 이 작은 동물은 진짜 게도, 바닷가재도, 새우도 아니다. 집으로 사용하는 소라 껍데기에서 밖으로 나온 집게는 신기해 보이는 동물일 뿐이다. 앞에서 보면 마치 가재처럼 보인다. 또 눈은 사방으로 움직이는 돌기 끝에 툭 튀어나와 있는데, 우리가 손전등을 이리저리 비추듯이 눈으로 물체를 겨눌 수 있다. 집게는 보기 좋게 균형 잡힌 동물도 아니다. 집게는 서로 크기가 다른 집게다리 한 쌍이 있는데, 오른쪽 집게다리가 왼쪽보다 크다. 또 배는 한쪽으로 심하게 구부러져 있어서 반대쪽에도 균형을 잡아 주는 배가 하나 더 있어야 할 것처럼 보인다. 배와 집게다리 사이 양쪽에 각각 네 개씩, 여덟 개의 다리가 있다. 그리고 단단하고 뾰족한 입 근처에는 두 개의 더듬이가 머리 밖으로 삐죽이 나와 있다. 앞 못 보는 동물이 지팡이 두 개를 사용하여 앞으로 나아가는 길을 찾듯, 이 커다란 더듬이는 집게가 길을 따라 지나갈 때 아래로 구부러진다.

집게를 자세히 보면 다리와 더듬이와 몸통에 털이 아주 많다. 이 털은 고양이나 개의 수염과 같다. 집게는 모래 위나 바위 밑을 다니기도 하고, 물속에서 조류의 움직임에 따라 휩쓸리기도 하면서 세계로 나가는 길을 찾는다. 게의 눈은 모양과 형태를 알아볼 수 있지만 털에 비해 덜 예민하다. 우리가 몸에 난 모든 털을 이용해 나아가는 길을 찾는다고 상상해 보자. 그렇게 된다면 머리카락은 죄다 민감한 촉각 기관이 될 것이다. 부드럽게 보이던 표면도 거칠고 울퉁불퉁하게 느껴지게 되고, 어떤 종이나 나뭇조각들도 서로 똑같이 느껴지지 않을 것이다.

집게는 적을 상당히 민감하게 알아차리지만 공격당하기 쉬운 동물이다. 집게다리를 제외한 다른 부분은 연약해서 다른 동물을 찌르지 못한다. 게다가 집게다리에는 독도 없다. 재빨리 돌진하지도 못하고 반응하지도 못한다. 때문에 자신을 보호하기 위해 어디든지 갖고 다닐 수 있는 딱딱한 이동 주택을 찾아내 지고 다녀야 한다. 그러고는 독이 있는 동물들을 껍데기 집 위에서 살게 하고 먹이를 잡아 함께 먹으면서 서로 돕는다. 집게는 주로 이런 방법으로 스스로를 보호한다.

집이 없는 집게는 바위 아래와 웅덩이를 지나며 길을 더듬어서 빈 껍데기를 찾는다. 집게의 세계에서 중요한 것은 껍데기의 무게와 모양과 촉감이다. 일단 빈 껍데기를 발견하면, 집게는 안으로 바짝 다가가 몸통을 한껏 구부려 껍데기 속으로 들어간다. 특히 달팽이집은 집게에게 안성맞춤이다. 달팽이집은 나선형으로 되어 있어 좌우가 불균형한 집게가 안으로 비틀며 들어가기에 알맞고, 커다란 집게다리를 이용해서 문을 만들 수도 있기 때문이다. 집게는 그 안에 몸을 숨기고 문을 닫으면 되는 것이다. 안전한 집을 갖고 다니며 먹이를 찾아 움직이는 동안에, 집게는 연약한 배와 뒷

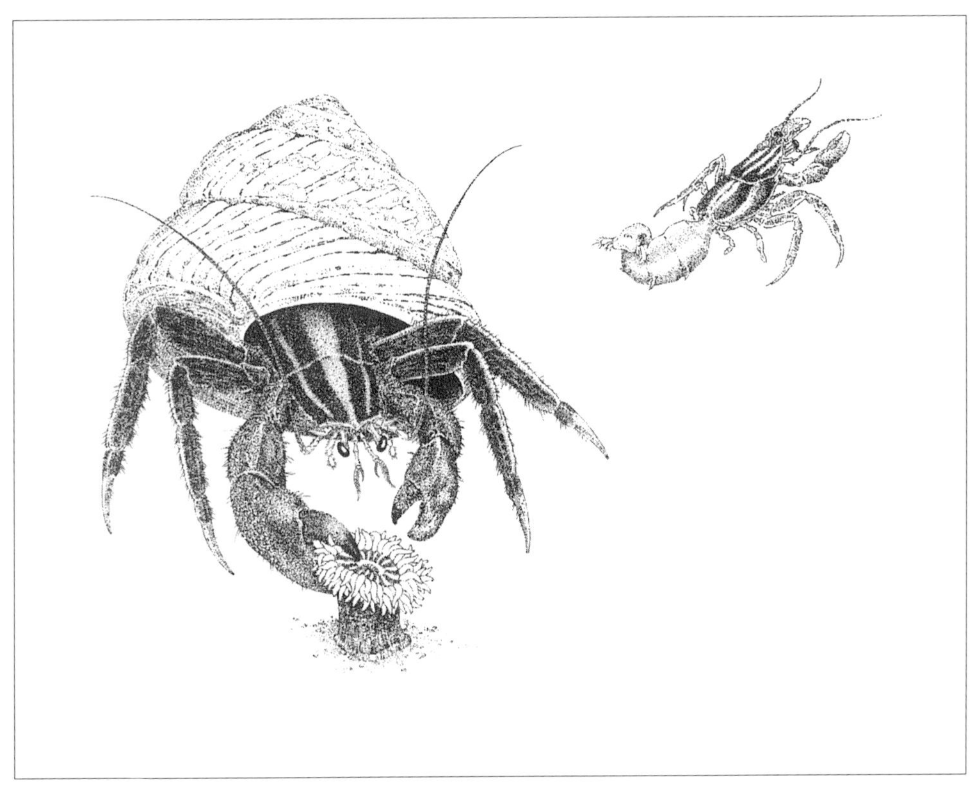

다리를 껍데기 속에 단단히 붙잡아 맬 수 있다. 그래도 집게는 물고기, 불가사리, 갈매기 등의 적들에게 공격받기 쉽다.

어떤 집게는 말미잘과 관계를 맺어 서로 이익을 주고받기도 한다. 이것을 공생 관계라고 부른다. 집게가 일단 껍데기를 발견하면, 촉수가 있는 특별한 종족인 말미잘을 찾아 나선다. 말미잘은 촉수로 물고기나 적이 될 만한 것들을 찌르고 자극한다. 경우에 따라서 말미잘은 집게의 껍데기에 올라가서 그곳에 뿌리내린다.

또 집게와 말미잘은 서로 촉각에 기초해서 복잡한 의사소통을 나누는 듯하다. 둘이 서로 툭툭 치고 건드리면, 말미잘이 매달려 있던 돌에서 떨어져 나와 집게의 껍데기에 정착한다. 그러고 나면 둘은 먹이가 모여 있는 곳으로 옮겨 가고, 집게는 먹이를 사냥해서 말미잘과 나누어 먹는다. 말미잘은 그 대가로 이 작은 공동체를 보호한다. 그러나 집게와 말미잘의 사이가 늘 원만한 것은 아니다. 둘 사이에 좋지 않은 감정이 끼어들 때가 바로 그렇다. 껍데기는 있지만 말미잘이 없으면, 집게는 껍데기에 말미잘을 심어 놓으려고 애쓴다. 그런데 집게에게 껍데기가 없으면, 말미잘은 생판 다른 모습을 드러낸다. 말미잘에게 다가가는 집게도 바로 이때 집을 찾아야 하기에 기분이 좋지 않다. 그러면 말미잘은 공생 파트너라기보다 잠재적인 거주지가 된다. 집게는 말미잘 안으로 들어가서 그것을 껍데기로 사용하려고 한다.

또 다른 경우는 집게에게 껍데기가 있고 그 위에 말미잘이 군체를 이루고 있지만, 오랫동안 먹이를 찾을 수 없어서 굶주릴 때이다. 그런 경우 말미잘을 홀로 내버려 두기도 하지만, 집게가 말미잘에 들러붙어 그 안으로 기어 들어가서 말미잘을 먹거나 공격하기도 한다.

어떤 경우에서든 그것은 집게에게 동일한 말미잘이며, 집게의 움벨트에서 동일한 대상이 된다. 그러나 말미잘은 집게의 기질이나 기분 또는 필요에 따라 아주 다르게 취급된다. 동물은 마주치는 상대마다 늘 같은 방식으로 행동하지 않기 때문이다.

동물을 자연 상태의 환경에서 관찰하려면, 가장 단순한 동물을 제외한 모든 동물의 세계에는 반응의 영역이 존재한다는 사실을 이해해야 한다. 동물을 이해하기 위해서 우리는 그 동물이 경험하는 세계를 이해해야 한다. 아울러 동물 세계를 관찰하는 바로 그 순간 동물의 기분이 어떤지도 명확히 이해해야 한다.

고양이는 장난을 친다

고양이는 쥐를 쫓아가 잡아먹지만 항상 그런 것은 아니다. 어떤 고양이는 갖고 놀던 실뭉치나 돌돌 말린 종이 같은 물건에 애착을 갖는다. 사냥 연습이라도 하는 듯 실뭉치나 종이에 달려든다. 쥐를 갖고 놀 듯 그것을 장난감 삼아 노는 것이다. 이 물체들은 아이들이 좋아하는 솜인형이나 장난감처럼 고양이의 삶에서 특별한 숭배를 받는다. 고양이의 행동을 수년간 연구한 파울 레이하우젠은 커다랗고 노란 비닐 공에 꽤나 집착하던 비베린 수고양이[‡]에 대해 설명했다. 고양이가 늘 그 공을 가지고 노는 바람에 공에는 이빨 자국과 발톱 자국이 수두룩했다. 한번은 레이하우젠이 수고양이 우리 안에 비베린 암고양이를 집어넣었다. 수고양이는 구석에 가만히 앉아서 암고양이가 마음대로 돌아다니며 우리 안의 모든 물건을 건드려도 그냥 내버려 두었다. 그러나 암고양이가 노란 공으로 다가가 킁킁거리며 냄새를 맡자, 곧바로 달려들어 사납게 목을 물었다. 레이하우젠은 고양이들을 떼어 놓아야 했다.

비베린 고양이_
동남아시아에 사는 고양이로서 영어로는 fishing cat이라 부른다. 이름처럼 물가에 살며 헤엄을 잘 치고 물고기도 아주 잘 잡는다.

그렇게 하지 않았다면 암고양이는 심한 상처를 입었을 것이다.

고양이가 아무리 장난감에 애착을 보이고 쫓아다니며 갖고 논다 해도 장난감을 진짜 쥐로 착각하는 건 아니다. 만져 보고 냄새를 맡아서 그 차이를 알아내는 것이다. 굶주린 고양이는 살아 있는 쥐를 쫓아간다. 반면 배가 고프지 않은 고양이는 쥐보다 장난감을 더 좋아한다. 잔뜩 배부르고 쾌활한 고양이는 쥐가 바로 코앞을 지나가더라도 그냥 무시해 버린다.

만약 여러분이 애완동물을 키우고 있다면, 그 동물이 잠에서 깨어날 때, 자려고 할 때, 오랫동안 아무것도 먹지 않았을 때, 실컷 배불리 먹었을 때, 안절부절못하고 돌아다니며 놀고 싶어 할 때를 잘 살펴보자. 이런 때 애완동물에게 먹이를 주어 먹는지 안 먹는지 관찰하는 것도 매우 흥미로운 실험이 될 것이다. 또 여러분은 고양이가 배가 고프거나 잠이 온다거나 피로하거나 활발하거나 관심을 필요로 하거나 운동을 하고 싶어 할 때, 사람들에게 어떤 반응을 보이는지 관찰할 수도 있다. 샌디는 아주 점잖은 개이지만 배고픈 상태에서 뼈다귀를 갖고 있으면 사람들에게 으르렁거린다. 샌디는 우리가 차 열쇠나 개 가죽 끈을 집어 드는 모습을 보면 흥분해서 제 꼬리를 잡으려는 듯 껑충껑충 뛰기도 하고 빙글빙글 원을 그리며 달리기도 한다. 그러나 이리저리 돌아다니지 못하고 집에서 잠이나 자야 하는 장마철에는 아주 신경질적으로 변한다. 우리는 이렇게 샌디의 기분과 욕구의 조각 그림들을 하나씩 맞추어 나갔다.

인식

우리는 사람을 주로 외모와 목소리로 알아차린다. 사람들이 멀리서 가만히 서 있기만 하면 누구인지 구별하기가 힘들다. 움직일 때에야 비로소 단서를 얻는다. 어떤 사람들은 몸짓으로, 즉 엉덩이를 실룩거리거나 팔을 흔들어 대는 모습으로 쉽게 알아볼 수 있다. 우리가 누군가의 얼굴을 확인하거나 목소리를 듣는 바로 그 순간, 그가 누구인지 식별하기란 그리 어렵지 않다. 우리는 친구와 낯선 사람을 구별할 수 있을 뿐 아니라 그들의 표정과 목소리만으로도 기분이 어떤지 추측할 수 있다. 이와는 달리 청각과 시각에 의지하지 않는 동물들은 다른 방식으로 사물을 인식한다. 그러나 대부분의 시간과 공간 안에서는 같은 종족끼리도 분명하게 구별된다. 우리가 얼굴과 목소리에 의존하듯 다른 동물들도 동료끼리 서로 알아보기 위해 특정한 항목에 의존한다. 이런 항목을 주요 자극이라고 한다.

예를 들면 새끼 재갈매기는 세 개의 하얀 고리가 있는 부모의 빨간 부리에 적응한다고 밝혀졌다. 니코 틴버겐은 새끼 재갈매기가 색을 칠하지 않은 진짜 어미 같은 재갈매기의 플라스틱 머리 모형보다 세 개의 흰 고리가 있는 얇은 붉은 막대기에 더 잘 반응한다는 것을 발견했다.

우리 아들 조슈아도 우연히 개들의 주요 자극을 발견해 냈다. 어느 날 조슈아는 드라큘라 놀이를

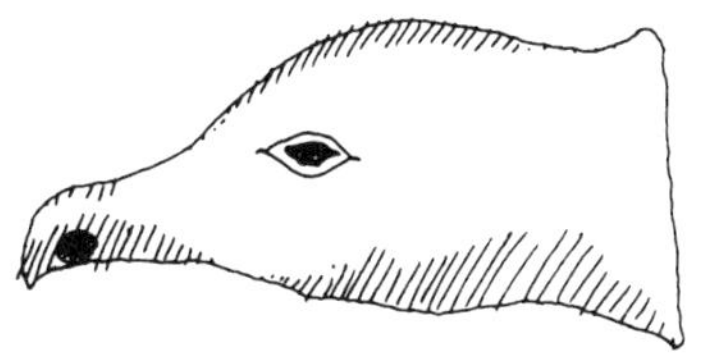

새끼 재갈매기는 부모의 머리 모형이 아니라 막대기에 반응한다.

하고 있었다. 플라스틱으로 만든 드라큘라 이를 끼고 송곳니가
드러난 것처럼 보이게 했다. 조슈아는 평소에 잘 따르고 무던하
던 이웃집 개한테 장난스레 다가갔다. 그 개는 송곳니를 힐끗 보더
니 으르렁대기 시작했다. 개가 송곳니를 드러내자 조슈아는 너무
놀라서 입에서 송곳니를 떨어뜨리고 말았다. 그 순간 바로 개는
긴장을 풀고 다시 친근한 개로 돌아왔다. 개는 조슈아의 드라큘라
송곳니가 위협적인 개의 송곳니라도 되는 듯 반응했던 것이다.

　동물행동학자들은 인식의 원인이 되는 경험을 밝혀내기 위해
다양한 실험을 해 보았다. 이 실험들은 동물의 경험에서 나타나
는 주요 자극을 찾아내는 것이었다. 여기 몇 가지 예가 있다. 수
두꺼비는 번식 기간 동안 움직이는 물체를 보면 모두 달려들어
꼭 껴안는다. 그러고는 껴안은 물체가 다른 수컷의 울음소리를
내야만 풀어 준다. 그렇지 않으면 두꺼비는 물고기나 인간의 손
가락을 껴안고 있다고 해도 놓아주지 않는다. 새끼 지빠귀는 부
모를 대하듯, 머리 둘 달린 간단한 검은 종이 모형에 반응한다.
새끼 가시고기도 모형의 크기나 모양에 상관없이 자기 부모처럼
색칠한 밀랍 모형에 반응한다. 새끼 가시고기에게는 반드시 물고
기처럼 보일 필요가 없다. 색이 주요 자극이기 때문이다.

　이것은 전혀 이상한 일이 아니다. 박물관의 밀랍 미라 모형과
진짜 사람 또는 솜으로 만든 미라와 진짜 사람을 뒤에서 보고 어
떻게 구별할 수 있을까? 우리가 도저히 구별할 수 없는 특수한 상
황도 있는 법이다.

열쇠를 찾고 이해하기

우리는 동물이 반응한 경험의 주요 측면을 이해함으로써 동물 세계에 좀 더 가까이 다가갈 수 있다. 우리의 언어로 실험할 수도 있고, 동물이 같은 종에 속하는 다른 동물을 식별하기 위해 특정 열쇠를 이용하는 방법을 표현해 볼 수도 있다. 여기 인식에 관한 짧은 이야기 세 가지가 있다. 시각 형태로 행동을 상상하려 하지 말고 그것들이 묘사된 이미지와 감각을 만끽해 보자. 설명이 나타내는 리듬과 속도를 재현해 보자. 그래도 그것들은 단지 추측일 뿐임을 명심하자.

1. 독백

바람이 부는군 밝은 곳으로 가야지 밝은 곳으로 가야지 냄새가 나네 빛은 잊어버려야지 냄새만 맡아야지 빛은 잊고 냄새에 집중해야지 어서 냄새 나는 곳으로 가자 바람이 부는군 냄새가 오고 있군 냄새가 가네 냄새가 오고 냄새가 가는군 냄새의 리듬을 따라가야지 바람이 다시 냄새 나는 곳을 알려 주는군 냄새 나는 곳으로 냄새로 냄새 **냄새** 냄새 ─ 닿았다

이 독백은 수나방이 말하는 냄새 이야기이다. 암나방은 우리의 후각으로는 구별할 수 없는 아주 희미한 냄새를 발산한다. 나방은 자신의 환경 속에 섞여 있는 다른 냄새들로부터 이 냄새를 골라낼 수 있다. 무려 2.4킬로미터나 떨어진 곳에서도 이 냄새를 감지한다. 냄새는 중요한 정보를 전달한다. 바로 짝의 위치를 알려

주는 것이다. 이 이야기에서처럼 냄새는 다른 모든 활동을 중지시킨다. 수나방은 냄새의 행로를 따라서 여행을 시작하고, 바람의 이동에 영향을 받는 여행길에 다른 냄새가 섞여 들기도 한다. 운이 좋으면 수나방은 점차 진해지는 냄새를 따라가다가 냄새의 근원지에 다다라서 짝과 결합하게 된다.

2. 빠른 대화

배우1 : 주위에누구있나 주위에누구있나 주위에누구있나

배우2 : 근처에내가있어 근처에내가있어 근처에내가있어

배우1 : 당신은누구고어디야 당신은누구고어디야 당신은누구고어디야

배우2 : 여기너머당신과같은종족여자 여기너머당신과같은종족여자

배우1 : 내가가는중이야 내가가는중이야

이것은 160킬로미터 떨어져 있는 돌고래 두 마리가 나누는 대화이다. 돌고래들은 이처럼 멀리 떨어져 있어도 물속에서 대화를 주고받을 수 있다. 한 마리가 메시지를 전달하면 다른 한 마리는 대구를 하면서 서로 의사소통을 하는 것이다. 과학자들은 돌고래들이 복잡한 수준의 의사소통을 나눌 수 있음을 발견해 냈다. 돌고래는 우리보다 적어도 16배나 빨리 메시지를 전달한다. 이 사실을 알아내기 위해 78rpm에 33rpm 음반을 올려놓아 보자. 78rpm의 속도는 소리를 빠르게 할 뿐만 아니라 고음의 소리도 만들어 낸다. 그렇다면 1분당 528회 회전하는 속도에 33rpm 음반을 올려놓았다고 상상해 보자. 그러면 돌고래가 말하는 방식에 좀

더 가깝게 된다. 위의 대화처럼 돌고래의 메시지는 복잡하다. 그리고 돌고래는 원한다면 서로 만날 수 있는 충분한 정보를 전달할 뿐 아니라 서로 알아보게도 할 수 있다.

3. 시민대 무선에서의 대화(1초에 300회 진동)

송신자 1 : 당신은누구인가당신은누구인가　　　　　　　　가인구누은신당가인구누은신당 : 송신자 2

송신자 1 : 당신은누구인가당신은누구인**가망쩐분운전망**인구누은신당가인구누은신당 : 송신자 2

송신자 1 :　　　　　　　　　　　　　　　　　　　　　　　　　　　　　　: 송신자 2

송신자 1 : 당신은누구인가당신은누구인가　　　　　　　*가인구누은신당가인구누은신당* : 송신자 2

이 대화는 세 가지 인식 중에서 가장 보기 드문 경우를 보여 준다. 아프리카 나이프피시에게는 의사소통을 가능하게 하는 시스템이 있는데, 이 시스템은 지속적으로 1초당 300회 진동하며 3~10볼트의 전류를 내뿜는 전기 기관으로 이루어져 있다. 이 전류는 머리는 음극이고 꼬리는 양극인 물고기 주위에 자기장을 형성한다. 이 진동 소리는 공기 중의 전파와 아주 유사한 파장을 물에서 일으킨다. 아프리카 나이프피시 두 마리가 한 곳에 있으면, 이 파장이 서로에게 지장을 주어 방향을 잡거나 먹이를 찾는 전기 감각을 사용할 수 없게 한다. 이 상황은 두 사람이 동시에 같은 주파수로 방송하려고 할 때 일어나는 현상과 유사하다. 그러나 아프리카 나이프피시에게는 이 문제를 해결하는 방법이 있다. 전파 방해가 일어나면 즉시 두 마리의 물고기는 전파를 내보내지 않는다. 그리고 서로 다른 주파수를 내보내기 위해 각자의 주파수를 조정한다. 그러면 동시에 전파를 내보내면서도 상대의 소리를 분간할 수 있게 된다. 이제 더 이상 전파 방해가 없으므로 둘은 각자의 전기 감각을 다시 이용할 수 있는 것이다.

상대를 배려하는 적

동물들은 동족과 먹이 그리고 적을 분간한다. 이것들을 알아보는 방법이 바로 움벨트의 문제이다. 그 방법은 동물의 감각이 작용하는 방식과 동물이 살고 있는 공간과 시간에 의해 결정된다. 움벨트는 동물 삶의 틀을 구성한다. 이 틀 속에서는 복잡한 활동이 전개된다. 그 예로 앞에서 언급했듯이 방울뱀은 온도 변화에 의해 한정되는 공간에서 산다. 수방울뱀은 일정한 영역을 갖는데, 그 영역이 다른 수방울뱀에게 침범당했을 때를 알아차릴 수 있다. 방울뱀의 먹이뿐 아니라 방울뱀에게도 특정한 온도가 있는 것이다. 일단 수방울뱀이 다른 수방울뱀의 존재를 확인하면 재미있는 일이 일어난다. 배가 고프든 안 고프든, 방울뱀은 먹이를 사냥하는 자세를 취하지 않는다. 상대를 두려워하지는 않지만 영역을 방어하는 상황으로 바뀐다. 두 수컷은 서로 싸움을 시작한다. 한 놈이 지쳐 싸움을 포기하고 승자에게 그 영역을 넘겨줄 때까지, 둘은 머리로 상대방을 연거푸 맹공격하며 뒤엉켜 싸운다. 하지만 싸움이 아무리 격렬해져도 절대로 상대방을 무는 법이 없다. 적이 아니라 먹이에게 쓰려고 독을 비축해 두기 때문이다.

오릭스 영양[+]도 이와 비슷한 행동을 한다. 수컷 오릭스 영양에게는 매우 뾰족한 긴 뿔이 있는데, 이 뿔로 공격해 오는 사자를 찔러 죽인다고 한다. 그러나 수컷 영양끼리 싸울 때는 절대로 뿔로 상대방을 찌르지 않는다. 서로 머리를 맞대고 밀어낼 뿐이다. 우연히 상대의 몸에 뿔이 닿거나 스치기라도 하면, 둘은 잠시 싸움을 멈추었다가 다시 시작한다.

동물의 삶은 복잡한 기분에 의해 좌우된다. 짝, 가족, 적, 경쟁자, 약탈자, 먹이 따위에 따라 적절하게 행동한다. 배고플 때 하는 행동을 배부를 때에는 드러내지 않는다. 짝짓기를 할 때, 방어를 할 때, 다정하고 친근하게 굴 때의 행동이 모두 다르다. 동물의 삶을 자세히 살펴보면 살펴볼수록 동물이 더욱 사려 깊고 신중하다는 것을 알게 될 것이다. 동물이 생각하고, 선택하고, 자기 자신뿐만 아니라 다른 동물들을 의식하고 있는지의 문제는 여전히 답을 찾아야 하는 숙제이다. 그러나 좀 더 탐색하다 보면 해답이 될 만한 흥미로운 단서들이 나타날 것이다.

도시 원숭이

인도의 붉은털원숭이[+]는 수세기 동안 도시에서 살아왔다. 붉은털원숭이는 애완동물이 아니며 70여 마리가 무리를 지어 자유롭게 어슬렁거린다. 대체로 소수의 수원숭이와 수컷의 세 배 정도 되는 암원숭이 그리고 더 많은 새끼 원숭이가 무리를 이룬다. 붉은털원숭이 무리는 지붕 위나 버려진 건물에 사는데, 숲에 사는 원숭이들과는 아주 다르다. 도시 생활에 적응하기 위해 의식적으로 행동하는 것이 아닌가 생각할 정도로 원숭이는 기호와 습관을 변화시켜 왔다.

첫째, 도시 원숭이는 일정한 거주지에 살며 매일 밤 그곳으로 돌아와 잠을 잔다. 숲에 사는 원숭이 무리는 맘껏 떠돌아다니다가 정해진 집 없이 밤마다 아무 나무나 골라 잠을 잔다.

둘째, 도시 원숭이는 사람들과 지속적으로 긴장된 관계를 맺으며 살아간다. 이 원숭이는 숲에서 즐겨 먹던 날음식보다는 익힌 음식을 더 좋아해서 먹이를 찾아 이곳저곳 뒤지고 다닌다. 사람의 집이나 식품점이나 시장에 쳐들어가기도 하며 때로는 사람들, 특히 아이들한테서 음식을 낚아채다가 상처를 입히기도 한다. 그래서 이 원숭이들은 상점 주인과 화가 난 아이들의 부모에게 쫓기고 얻어맞기도 한다. 도시 원숭이를 연구해 온 심리학자 슈 돈 싱에 따르면, 도시 원숭이들은 숲보다 도시에 사는 걸 더 좋아한다고 한다. 숲에 데려다 놓아도 즉시 도시로 되돌아온다는 것이다.

도시 원숭이 무리는 일 년 내내 함께 지내며 서로를 돌본다. 언젠가 슈 돈 싱은 새끼 원숭이가 우물에 빠진 걸 목격했다. 그의 말에 따르면 새끼 원숭이가 속해 있던 무리의 원숭이들이 끽끽거리며 우물로 허겁지겁 달려왔다고 한다. 몇 마리가 우물 속으로 뛰어들려는데 사람들이 와서 새끼 원숭이를 끌어냈다.

도시 원숭이들의 쫓고 쫓기는 도주 생활을 상상해 보자. 위협과 방어가 그들의 움벨트에서 주된 특징이다. 남들한테서 먹이를 훔쳐야만 하고 언제 공격당할지 모르는 원숭이의 삶을 지배하는 정서는 공격적으로 변할 수밖에 없다. 도시 원숭이는 원숭이끼리는 영역과 집을 두고, 사람과는 음식을 사이에 놓고, 같은 무리끼리는 높은 지위를 차지하기 위해 싸운다. 때문에 도시에 사는 인간들처럼 항상 빈틈없고 조심해야 한다.

도시 원숭이와 숲에 사는 원숭이를 함께 섞어 놓으면, 도시 원숭이가 훨씬 더 공격적으로 변한다. 도시의 암원숭이가 숲의 수원숭이보다 더 높은 지위를 차지하기도 한다. 이는 일상적으로 수컷이 무리의 지배자가 되는 원숭이 세계에서는 보기 드문 현상이다. 사람들이 다가가면 숲 원숭이는 놀라서 달아나지만 도시 원숭이는 사람을 조금도 무서워하지 않는다. 오히려 사람들 가까이 가서 음식을 빼앗고, 겁을 주면서 싸우려 든다. 도시 원숭이의 공격 성향과 도시에 대한 강박관념에 가까운 애착을 보면 사람들을 떠올리게 된다. 많은 사람들이 도심으로 옮겨 온다. 그러고는 팍팍한 도시 생활에 젖다 보면 어느덧 조용하고 느린 시골 생활로 다시는 돌아갈 수 없다는 사실을 깨닫는다. 각박한 도시 생활을 택한 사람과 원숭이가 얻은 것은 조용하고 소박한 삶의 상실인 것이다. 사람과 원숭이는 의식적으로 변화를 선택했을까? 도시 세계에서 지평선이 변하고, 순간이 빨라지고, 공간이 제한되고, 기질이 강화될 정도로 그들의 움벨트에 본질적인 변화가 일어난 것일까? 움벨트가 그렇게 본질적으로 변했다면, 시골보다 도시를 더 선호하게 되어도 전혀 놀랄 것도 없다. 원숭이이든 인간이든, 도시 거주자의 움벨트로서 시골 환경은 적합하지 않은 것이다. 움벨트가 자연 환경에 맞지 않는다면 동물은 변하거나 죽거나 떠나야만 한다. 돌고래는 물을 떠나서 의사소통을 할 수 없으며, 고양이는 물속에서 살 수 없다. 그러나 과거 어느 때인가 돌고래는 육지 동물이었고 고양이의 조상은 수중 동물이었다. 동물 세계에서 진화와 변화가 일어나는 주된 원인은 동물이 경험하는 움벨트와 자연 환경이 서로 적합하지 않았기 때문일 수도 있다.

뷔리당의 당나귀

샌디 같은 골든 레트리버들은 아주 점잖다. 우리 집 아이들은 샌디의 등에 올라타기도 하고, 꼬리를 잡아당기거나 입에 손을 집어넣기도 한다. 그래도 샌디는 모든 것을 기분 좋게 받아 주고 가끔 즐거워할 때도 있다. 아이들의 공격적인 행동에 대해서 샌디가 드러내는 태도라고는 기껏해야 그 자리를 피하는 것이다. 그러나 배가 고플 때 뼈다귀를 갖고 있으면 누가 다가오든지 으르렁댄다.

고기가 붙어 있거나 피 냄새가 나는 뼈다귀도 아니었지만 샌디의 주위를 끈 적도 있다. 하루는 현관에 엎드려 있는 샌디 바로 코앞에 좋아하는 막대기와 양 뼈다귀를 놓은 적이 있다. 우리가 양 뼈다귀를 막대기 옆에 내려놓자 샌디가 벌떡 일어났다. 콧구멍을

벌름거리고, 몸을 뻣뻣이 곧추세우고는 막대기와 뼈다귀의 냄새
를 번갈아 맡다가 어리둥절하고 난처한 표정으로 우리를 보았다.
그 순간 샌디는 마치 사람 같았다. 강렬한 두 본능 사이에서 갈등
하며 선택을 해야 하는 상황에 놓인 사람 말이다. 알아차리기 어
렵지만, 바로 이런 상황이 의식의 발달을 이끄는 것인지도 모른
다. 샌디는 막대기와 뼈다귀 중 하나를 선택하든가 아니면 지쳐
쓰러질 때까지 이 둘을 바라보고 서 있든가 결정해야 했다.

　얼빠진 모습으로 우리를 쳐다보며 혼란스러워하는 모습은 비단
샌디만이 보이는 행동은 아니다. 14세기에 살았던 프랑스의 철학
자 장 뷔리당[+]은 샌디가 처한 것과 같은 갈등 상황에 대해 문제를
제기했다. 그는 '뷔리당의 당나귀' 문제로 유명해졌다. 몹시 굶주
린 당나귀가 있었다. 온종일 일을 시키고 나서 드디어 늘 먹이를
주던 마구간으로 데려갔다. 양쪽에 똑같이 건초 더미를 쌓아 놓
고 그 한가운데 당나귀를 세워 놓았다. 당나귀는 어느 쪽 건초를
선택해서 먹었을까? 양쪽 건초 더미의 양과 거리는 똑같았다. 결
국 당나귀는 아무런 결정도 내리지 못하고 굶어 죽었다고 한다.

　뷔리당의 당나귀 문제는 자유와 선택의 문제이다. 똑같이 마음
이 끌리는 것 두 가지를 주고 하나를 선택하라면 무엇을 고를까?
샌디의 경우 강렬한 두 본능, 즉 굶주림과 되찾기라는 본능이 충
돌하고 있었다. 배가 고프기 때문에 양 뼈다귀를 먹을 것인가, 아
니면 늘 훈련받은 대로 막대기를 물어다 주인에게 갖다 줄 것인
가 하는 문제 말이다. 사람도 이와 비슷한 선택을 해야 할 때가 있

장 뷔리당_
1300~1358, 자연학에서 아
리스토텔레스의 영향을 제거
하는 데 노력했으며, 갈릴레이
가 근대적 관성법칙을 수립하
는 데 영향을 주었다.

다. 가장 좋아하는 음식 두 가지가 차림표에 있다면 무엇을 어떻게 고를 것인가? 마음이 똑같이 끌리는 사람들이 있다면 누구를 선택해서 사랑할 것인가? 매력적인 직업이 수없이 있을 텐데 그 중 어떤 직업을 선택할 것인가? 분별력, 즉 다른 사람과는 구별되는 자기만의 자의식과 자제력은 강렬한 본능이 충돌하는 상황에서 발전한다.

자각과 지성의 발전과 더불어 선택도 동물이 살아가는 거의 모든 단계에서 문제가 된다는 지적이 있다. 동물행동학의 창시자이며 가장 독창적인 동물행동학자인 콘라트 로렌츠는 눈부신 보석 물고기 시클리드[+]의 도전과 성장의 순간을 기록했다. 시클리드는 수컷이 새끼를 돌본다. 새끼가 집에서 나와 길을 잃으면 아비는 새끼를 찾아 나선다. 새끼를 발견하면 입속으로 새끼를 살며시 빨아들여 보금자리로 데려간다. 이때 새끼는 근육이 수축되어 물보다 더 무거워진다. 로렌츠는 수컷 시클리드의 행동을 다음과 같이 설명하고 있다.

한번은 길 잃은 새끼를 모아들이던 보석 물고기의 행동을 보면서 나는 굉장히 놀랐다. 그날 저녁 늦게 나는 연구소로 갔다. 날은 벌써 어두워졌다. 하루 종일 아무것도 먹지 못한 물고기들에게 서둘러 먹이를 주려고 했다. 그중에는 새끼를 키우는 한 쌍의 보석 물고기가 있었다. 내가 수조에 다가갔을 때, 거의 모든 새끼들은 이미 움푹 파인 구덩이 속에 들어가 있었고 어미가 그 위를 빙빙 돌고 있었다. 내가 수조 안으로 지렁이 토막을 넣어 주어도 어미는 먹이 가까이 다가오지 않았다. 그러나 몹시 흥분해서 이리저리 새끼를 찾아다니던 아비는 멋진 지렁이 꼬리(이유는 알 수 없지만 지렁이를 먹는 물고기는 머리보다 꼬리를 좋아한다.)를 보고 멈췄다. 아비는 다가와서 지렁이를 덥석 물었다. 그러나 너무 커서 삼켜 버릴 수가 없었다. 한입 가득한 지렁이를 막 씹으려고 할 때 아비는 수조 안을 홀로 헤엄치고 있는 새끼를 발견했다. 그러자 무엇에 찔리기라도 한 듯 새끼를 쫓아가 이미 먹이가 가득한 입으로 새끼를 물었다. 정말 가슴 조이는 순간이었다. 아비의 입 안에는 다른 성질을 지닌 두 물체가 있었다. 하나는 위 속으로 들어가야 하고, 다른 하나는 보금자리로 데려가야 하는 것이었다. 아비는 어떻게 할 것인가? 고백하지만, 나는 그 순간 작은 보석 물고기를 위해 2펜스도 지불하지 말았어야 했다고 생각했다. 그런데 정말로 놀라운 일이 벌어졌다! 아비가 한입 가득 문 채 꼼짝 않고 멈추었다. 물론 씹지도 않았다. 생각하는 물고기를 본 적이 있다면, 바로 그 순간이었을 것이다. 물고기가 갈등 상황에 놓인 자신을 발견하고 인간처럼 행동한다는 사실이 정말 놀랍지 않은가! 즉, 사방이 꽉 막혀도 가도 못하는 것처럼 멈춘 것이다. 수십 초 동안 아비 보석 물고기가 꼿꼿이 서서 어떤 생각을 하고 있는지는 도무지 짐작할 수 없었다. 이윽고 아비는 실로 감탄할 만한 방법으로 갈등을 해결했다. 입 안에 들어 있는 것을 모두 내뱉은 것이다. 지렁이는 바닥에 가라앉았고 근육이 수축되어 무거워진 새끼 보석 물고기도 바닥으로 떨어졌다. 그러자 아비는 단호한 몸짓으로 지렁이에게 다가가 서두르지 않고 먹어 치웠다. 그러면서도 한쪽 눈은 얌전히 바닥에 누워 있는 새끼를 보고 있었다. 아비는 다 먹고 나자 새끼를 빨아들여 어미가 있는 집으로 데려갔다.

5

떡갈나무 바라보기

떡갈나무 바라보기

우리 딸 에리카의 스웨터는 보기에 따라서는 첫째, 파란색으로 소매가 길고, 앞에 여밈 단추가 있는 잘 짜여진 털옷으로 양털 냄새가 난다. 둘째, 축 늘어진 데다 쓸모도 없지만 코를 바짝 들이대고 킁킁거리면 에리카 냄새가 난다. 주위에 사람이 없을 때 대고 있으면 촉감이 좋다. 셋째, 실을 꼬아 만들어서 폭신폭신한 데다 따스하고 영양분도 풍부해서 알을 낳아 키우기에 완벽한 보금자리이다.

에리카가 입고 있는 스웨터의 진짜 실체는 무엇일까? 우리가 외출했을 때 샌디가 에리카의 침실에서 가지고 나와 코를 들이대는 축 늘어진 물체일까? 일전에 우리가 발견했던 좀들의 집이자 잔칫상일까?

떡갈나무를 생각해 보자

모든 생명체나 물체는 서로 다른 움벨트에서는 다르게 나타나고 다른 기능을 한다. 개의 움벨트는 그것을 알아내려고 애쓰는 주인이나 다른 개의 움벨트와는 같지만, 벼룩의 움벨트와는 다르다. 세계의 사물을 경험하는 시각은 아주 다양하다. 이제 떡갈나무와 그것의 뿌리에서 가장 높은 가지까지 살고 있는 모든 생명체를 생각해 보자.

먼저 나무뿌리 사이에 구멍을 파고 사는 여우를 상상해 보자. 여우의 관점에서 보면 나무는 집이다. 그곳은 여우가 제 짝과 새끼들을 보호하고, 먹고 자고 쉬는 장소이다. 여우는 굴속에 갇히면 공격받기 쉽기 때문에 입구를 감춰 두어 잘 보이지 않게 한다. 여우는 이 특별한 떡갈나무가 마치 별스럽지 않다는 듯 행동하면서도 나무 주변의 모든 냄새와 소리를 알아야 한다. 뿐만 아니라 뿌리로 이어지는 모든 통로와 막다른 곳까지 알고 있어야 한다. 뿌리는 여우 집의 기둥이자 대들보이며, 그 안을 잎으로 채워서 새끼들을 따뜻하게 감싸고 숨기기도 하는 곳이 된다.

떡갈나무에 대한 여우의 시각은 아래쪽 낮은 곳으로 땅속이나 지표면이 된다. 여우의 세계에서는 위를 바라볼 필요가 없기 때문이다. 나무줄기 어딘가에는 또 다른 세계와 또 다른 경험이 존재한다. 그것은 여우의 입장에서 보면 위협적이지도 않고 편안해 보이지도 않는다. 다만 배경이 되는 일부 세계일 뿐이다. 떡갈나무의 가지와 주위를 둘러싼 다른 나무들의 가지는 서로 분리되지

않는다. 여우의 세계 위쪽은 나뭇가지들이 서로 뒤엉켜 창살 모양을 이루고 있다. 그러나 그 가지들은 단지 멋진 볼거리일 뿐 여우의 움벨트 속에 존재하는 떡갈나무와는 아무런 관련이 없다.

뒤엉킨 나뭇가지 어딘가에는 까마귀의 낡은 둥지가 버려져 있을 가능성이 많다. 또한 그곳은 올빼미의 집이 되었을 가능성도 있다. 대부분의 올빼미들은 비상한 사냥꾼이자 게으른 건축업자이다. 우리가 상상하고 있는 떡갈나무에서 사는 올빼미도 역시 게으른 건축업자여서 떡갈나무 윗가지에 있는 까마귀 둥지를 자기 집으로 삼고 있다. 나무 꼭대기에 사는 올빼미와 뿌리에 사는 여우는 결코 서로 침해하지 않는다. 이 둘은 서로 나무에서의 경험을 전혀 공유하지 않기 때문에, 떡갈나무에서 함께 살고 있다고 말할 수조차 없다.

낮 동안 올빼미와 나무는 하나가 된다. 올빼미는 날개를 접고 잠을 자는데, 어찌나 얌전히 쉬고 있는지 사람들 눈에는 나뭇가지처럼 보일 정도이다. 날개의 색깔이 보호색을 띠기 때문에 더욱 그렇다. 낮 동안에 올빼미의 색깔은 나무 색깔과 섞여 어우러진다. 밤에 올빼미가 잠에서 깨어나면, 나무는 올빼미가 예리한 눈으로 사냥감을 주시하는 감시탑이 된다. 올빼미의 눈은 고정되어 있다. 놀랍도록 집중해서 눈을 부릅뜨고 특정 물체를 바라보고 있는데도 전혀 움직이지 않는다. 올빼미의 머리는 양쪽 방향으로 180도씩 회전 가능하며, 눈은 이 회전 받침대 위에 놓인 망원경 같다. 올빼미는 눈을 움직이지 못하지만 머리는 움직일 수 있다. 밤에 떡갈나무 위에 앉아 있는 동안 올빼미는 눈을 부릅뜨고 360도를 전부 훑어본다. 그러다가 먹이를 포착하면 곧장 날아가서 잡은 뒤, 나무로 돌아와 식사를 한다. 떡갈나무는 낮에는 올빼미를 보호하는 환경이 되지만, 밤에는 식당이 되는 것이다. 짝이 없는 올빼미는 서너 시간 사냥하는 동안 열두 마리의 쥐, 대여섯 마리의 토끼, 두더지와 마못을 잡고는, 다시 수중에 넣은 까마

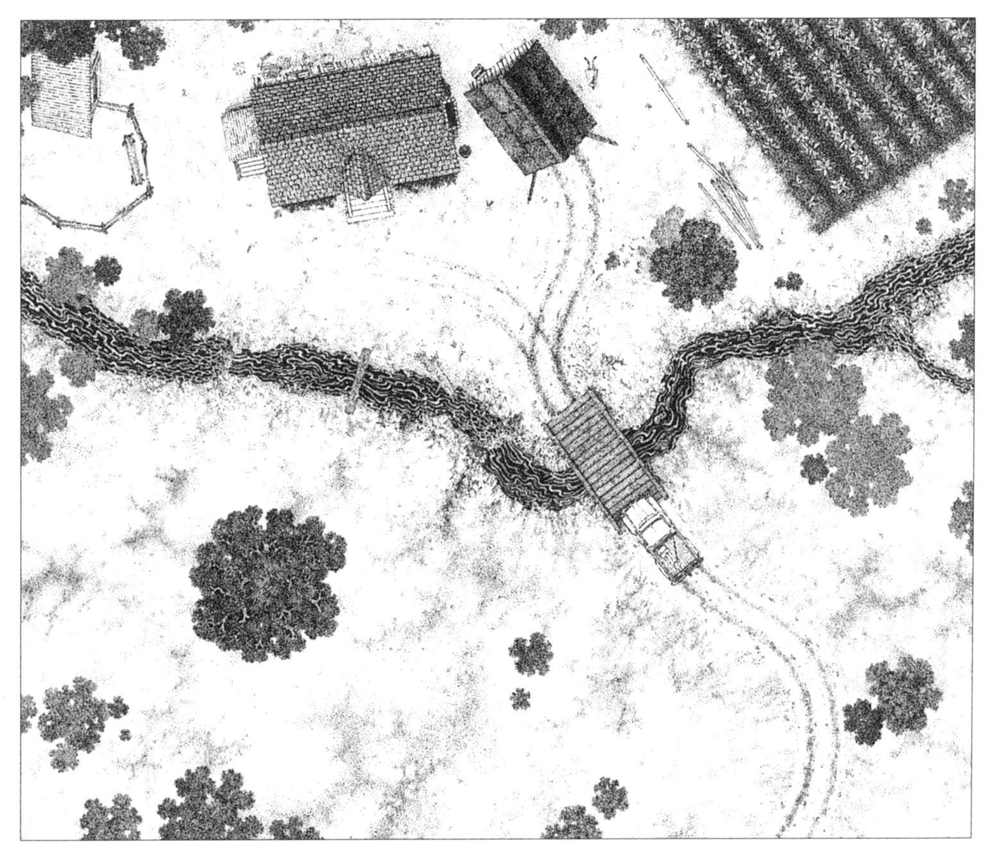

귀 둥지로 돌아오는 것으로 알려져 있다.

떡갈나무 줄기 중간쯤 나무껍질 겉과 속에는 또 다른 세계가 존재한다. 애초에 우리에게 이 책을 쓸 아이디어를 준 야곱 폰 웩스쿨의 수필 『동물과 인간 세계로의 산책』에서 그는 나무껍질을 뚫는 딱정벌레와 말벌의 세계를 이렇게 설명하고 있다.

나무껍질을 뚫는 딱정벌레는 터진 껍질 속에서 영양분을 얻고 그곳에 알을 낳는다. 알에서 나온 애벌레는 나무껍질 속에다 길을 뚫는다. 외부 세계의 위험으로부터 비교적 안전한 그곳에서 더 깊이 갉아먹으며 먹이 속으로 들어간다. 그러나 애벌레는 완전히 보호받지는 못한다. 나무껍질을 세차게 쪼아 대는 딱따구리뿐만 아니라, 버터 속에 찔러 넣듯 떡갈나무 속으로 산란관을 찔러 넣고 딱정벌레 애벌레 속에 알을 낳는 말벌에게 괴롭힘을 당하기 때문이다. 알에서 나온 말벌 유충은 딱정벌레 애벌레의 살을 먹고 산다고 한다.

그러면 사람들의 움벨트에서 떡갈나무는 어떻게 보일까? 인간의 움벨트는 사람마다 문화마다 다르며, 시간에 따라 변화해 왔다. 바로 그 점이 인간의 특성이다. 미국 인디언들은 대개 떡갈나무를 힘과 장수의 상징이자 식량의 근원으로 숭배했다. 도토리를 물에 씻어 빻아서 빵을 만들고 수프로도 끓여 먹었다. 수세기 전 유럽에서는 드루이드[‡] 승려들이 떡갈나무를 영혼이 머무는 곳으로 여기고 떡갈나무 숲에서 가장 숭고한 의식을 치렀다. 그들은 떡갈나무에서 크리스마스 장식용 가지를 모았고, 나무를 베어서 켈트족의 불의 신 야롤을 숭배하기 위한 신성한 불을 피우는 장작으로 이용했다. 그 장작은 불을 다스리는 야롤 신의 힘으로 겨울이 빨리 지나기를 기원하며 바치는 공물이었다. 그것은 오늘날 크리스마스 때 난로에 넣고 태우는 굵은 장작의 기원이 되었다.

인간의 움벨트에서 떡갈나무가 어떻게 보이는지를 알려 주는 최근의 예를 들어 보자. 벌목꾼들의 움벨트에서 떡갈나무는 단지 많은 나무들 가운데 하나일 뿐 전혀 특별한 것이 아니다. 그러나 자연보호자들에게는 특별할뿐더러 반드시 보호되어야 하는 보물이다. 밤에 숲에서 길을 잃은 아이에게는 떡갈나무가 요정과 신령이 사는 두려운 마법의 세계가 될지도 모른다. 희미한 달빛에 비친 나무껍질은 무섭고 위협적인 얼굴처럼 보일 수도 있다. 또 비행기를 타고 떡갈나무 위를 날며 지도를 만들기 위해 사진을 찍고 있는 지리학자에게 떡갈나무는 거의 눈에 띄지도 않을 것이다. 이렇듯 떡갈나무는 전체 풍경에서 아주 작은 단면일 뿐이다.

떡갈나무에는 많은 움벨트가 존재한다. 야곱 폰 웩스쿨은 이렇게 쓰고 있다.

떡갈나무는 많은 동물들이 살면서 백여 가지의 다양한 움벨트를 꾸리고 있는 대상으로서 매우 다양한 역할을 한다. 한때는 이러했다면 또 다른 때에는 저러할 수도 있는 것이다. 똑같은 부분이라도 어떤 때는 넓게 보이고 어떤 때는 작게 여겨지기도 한다. 떡갈나무의 목재 또한 딱딱한 때도 있고 부드러운 때도 있다. 나무가 보호해 줄 때도 있고 위협적일 때도 있다.

그렇다면 무엇이 진짜 떡갈나무일까? 큰 것일까, 아니면 작은 것일까? 평범한 것일까, 아니면 독특한 보물일까? 위협적일까, 아니면 보호를 해 줄까? 목재는 딱딱할까, 아니면 부드러울까? 이러한 질문에 대해 명확한 답을 얻으려면 지금의 세계보다 더 단순하고 덜 재미있는 세상을 생각해 보아야 한다. 떡갈나무의 실체와 상관없이 질문을 다시 고쳐 말해 보자. 떡갈나무는 누구의 움벨트에서는 커 보이고 누구의 움벨트에서는 작아 보일까? 어떤 동물은 떡갈나무를 딱딱하다고 여기고 또 어떤 동물은 부드럽다고 생각할까? 누구는 떡갈나무를 특별하게 생각하고 또 누구는 평범하게 생각할까? 떡갈나무로부터 누구는 위협을 느끼고 또 누구는 보호를 받을까?

이런 질문을 함으로써 우리는 관찰과 발견을 할 수 있다. 실제로 우리는 세계에 대해서 거의 알지 못하며, 심지어 날마다 우리 주변을 둘러싸고 있는 것들마저도 잘 알지 못한다. 시간을 갖고 환경이 조직되는 다양한 방법을 생각해 보고, 실제로 동물들이 어떻게 환경을 조직하는지를 발견해 가는 것은 정말 가치 있는 일이다. 우리는 원자로 이루어져 있으며, 우주에서 볼 때 작은 먼지에 불과하다. 우리 세계에서 보면 우리는 아주 적당한 크기인 듯하지만, 벼룩에게는 거인처럼 보이며, 고래에게는 작은 꼬마 같다. 세계에 대한 인간의 시각은 많은 시각들 가운데 하나일 뿐이다. 이제 우리만의 세계에서 벗어나 같은 조상을 두었던 다른 동물들의 경험을 이해하려고 노력한다면, 우리 자신에 대한 이해도 더욱 풍부해질 것이다. 더불어 우리가 다른 생명체를 존중하는 마음을 배우게 된다면, 모두가 함께하는 세계를 보전하는 데 조금이나마 도움이 될 것이다.

떡갈나무 바라보기

2002년 6월 28일 1판 1쇄
2024년 10월 20일 1판 20쇄

지은이 주디스 콜·허버트 콜
옮긴이 이승숙
추천·감수 최재천

기획·편집 최옥미   **편집관리** 인문팀   **디자인** 김수미
제작 박흥기   **마케팅** 김수진, 강효원   **홍보** 조민희
출력 블루엔   **인쇄** 천일문화사   **제본** J&D바인텍

펴낸이 강맑실   **펴낸곳** (주)사계절출판사   **등록** 제406-2003-034호
주소 (우)10881 경기도 파주시 회동길 252
전화 031)955-8588, 8558   **전송** 마케팅부 031)955-8595 편집부 031)955-8596
홈페이지 www.sakyejul.net   **전자우편** skj@sakyejul.com
블로그 blog.naver.com/skjmail   **페이스북** facebook.com/sakyejul
트위터 twitter.com/sakyejul   **인스타그램** instagram.com/sakyejul

값은 뒤표지에 적혀 있습니다. 잘못 만든 책은 서점에서 바꾸어 드립니다.
사계절출판사는 성장의 의미를 생각합니다. 사계절출판사는 독자 여러분의 의견에 늘 귀 기울이고 있습니다.
이 책은 저작권법에 따라 보호받는 저작물이므로 무단전재와 무단복제를 금합니다.

ISBN 978-89-7196-894-9 03490